工程实践系列丛书
全国职业教育技能型人才培养规划教材

机械零件数控车削加工

主　审　冯穗心
主　编　梁伟东
副主编　黄京华　俞　挺
　　　　吴世萍　徐洪池
参　编　黄季翔　宁志良
　　　　李义梅　黄志海

西南交通大学出版社
·成　都·

图书在版编目（CIP）数据

机械零件数控车削加工 / 梁伟东主编. —成都：西南交通大学出版社，2014.8
（工程实践系列丛书）
全国职业教育技能型人才培养规划教材
ISBN 978-7-5643-3283-9

Ⅰ. ①机… Ⅱ. ①梁… Ⅲ. ①机械元件－数控机床－车床－车削－中等专业学校－教材 Ⅳ. ①TH13

中国版本图书馆 CIP 数据核字（2014）第 182784 号

工程实践系列丛书
全国职业教育技能型人才培养规划教材

机械零件数控车削加工

主编　梁伟东

责任编辑	李晓辉
助理编辑	罗在伟
封面设计	墨创文化
出版发行	西南交通大学出版社 （四川省成都市金牛区交大路 146 号）
发行部电话	028-87600564　028-87600533
邮政编码	610031
网址	http: //www.xnjdcbs.com
印刷	成都中铁二局永经堂印务有限责任公司
成品尺寸	185 mm×260 mm
印张	11
字数	273 千字
版次	2014 年 8 月第 1 版
印次	2014 年 8 月第 1 次
书号	ISBN 978-7-5643-3283-9
定价	28.00 元

前　言

在现代制造系统中，数控技术是关键技术，它集微电子、计算机、信息处理、自动检测、自动控制等高新技术于一体，具有高精度、高效率、柔性自动化等特点。对制造业实现柔性自动化、集成化、智能化起着举足轻重的作用。那么，如何培养具有数控技术综合职业能力的技能型、应用型的技术人才是职业教育所必需肩负的重要使命。为此，广州市职业教育在广州市教育局孟源北副局长主持的全国教育科学“十一五”规划课题“中等职业教育工学结合课程的实践研究”的引领下，建构起有别于学科系统化的、以工作过程为导向、并选择工作页作为学习者的主要学习材料的工学结合课程模式，推动职业教育课程改革向纵深发展，使职业教育真正服务区域经济和产业的发展。

本书以《职业教育数控技术应用专业紧缺人才培养与培训教学指导方案》、《中级数控车工国家职业标准》为依据编写而成，由7个学习任务组成，让学生在获得普通机械加工工艺认知的基础上，体会、掌握现代加工技术的方式方法，即让学生根据图纸制订数控车削加工工艺及编写加工程序，正确操作数控车床加工零件，最后测量零件的合格性，并能遵守操作数控车床的安全规则及车间管理规则。

本书具有以下特色：

1. 突显综合职业能力的培养

职业教育对技能人才的培养目标是：在真实的工作情境中，整体化地解决综合性的专业问题的能力和技术思维方式。本书以学习任务为载体，让学生在结构完整的工作过程中，经历从明确任务、制订计划、加工实施、质量检测和评价反馈的整个过程，帮助学生获得工作过程知识（包括理论与实践知识），习得操作技能，学习掌握工作对象、工具、工作方法、劳动组织方式和工作要求等要素及其之间的相互关系，获取工作经验，促进关键能力和综合素质的提高，从而为学生的职业生涯发展奠定良好的基础。

2. 设计工学结合的课程内容

在课程内容的设计上特别注重学习目标、学习任务的内容、完整的工作过程和工作质量的要求等方面的选择和确定，即学习者通过完成学习任务后，能够学会做什么工作，形成哪些与本职业（专业）相关的专业能力和关键能力，学习任务中包含哪些工作要素，需要学习哪些理论知识和积累哪方面的实践经验，完成任务过程的关键环节是什么，难点在哪里，工作质量的要求是什么等。本书在课程内容设计上，实现了理论知识与实践知识的整合，既能体现工作过程，又具有学习价值，较好地突出了数控专业职业能力形成的特征。

3. 体现行动导向的教学方法

新编的课程内容充分体现了“做中学，学中教”的职教理念，整个教学过程采用行动导向的教学方法，解决了理论教学与实践教学的二元分离。教师是学生学习过程的组织者和专业对话伙伴，学生通过亲身体验学习任务完成的全过程，不仅获取显性的知识与技能，还获得隐性的能力和经验；更能体验工作世界，形成职业能力与职业认同感的发展。

4. 创新教材编写体例的风格

本书是从学生学习的角度来指导帮助学生完成学习任务的教学材料，它是传统教材的进一步发展，而不是传统教材的替代品。在每个学习任务通过“任务描述”“学习目标”、“任务结构”、“学习附件”等栏目把学习任务的重点内容进行概括性提示，使学生开始学习就知道学习的任务和要求，以引起学生的特别注意。正文部分则通过设置一系列的引导问题指导学生学习新的知识与技能，把学生引入到工作行动中，在工作中达到脑力劳动和体力劳动相统一。最后的“评价反馈”是对学习与工作的过程和结果的整体性评价，以帮助学生学会总结和反思。

5. 采用企业中常用的零件作为教学、学习载体，节省材料、刀具，降低教学成本

本书选用企业中常用的直单向阀连接器的零件作为教学、学习载体，它由七个学习任务组成。由于学习任务中加工的零件是企业真实的产品，既能很好地让学生了解企业对产品的质量要求，又能把企业的真实生产场景引入到教学当中，使得教学过程更加贴近企业生产，让学生在学习过程中就能积累企业生产经验。由于组成直单向阀连接器的5个零件尺寸都比较小，在教学过程中材料及刀具消耗都比较省，能有效地降低教学成本，使得教学更加容易组织和开展。

6. 编写时兼顾广州数控系统与华中数控系统，适用范围更广

本书编写时兼顾广州数控与华中数控两种学校广泛使用的数控系统，能够满足更多学校的教学需求。

本学材建议学时为180，其中，学习任务1为24学时、学习任务2、3、4、5和6各为30学时、学习任务7为6学时。在教学中既可以采用小组合作方式学习，即各小组分别设置工艺员、编程员和操作员三个岗位，以共同完成零件加工任务，每组的组员学习完毕后再相互轮换岗位角色；也可采取自主学习方式。

本书由梁伟东主编。学习任务1由黄季翔编写；学习任务2由梁伟东编写；学习任务3由宁志良、冯建财编写；学习任务4由俞挺、梁伟东编写；学习任务5由吴世萍、徐洪池编写；学习任务6由李义梅、黄志海编写；学习任务7由黄京华编写；梁伟东负责全书的统稿及修正工作。本书由广州市中职机械教研会理事长、广州市轻工职业学校校长冯穗心担任本书的主审。

本书在编写过程中，得到了广州市轻工职业学校的岑慧仪、杨适鸣老师的大力支持和帮助，宁波第二技师学院俞挺老师、北部湾职业技术学校吴世萍老师和绵阳财经职业学校徐洪池老师参与了本书的编写工作并提出了宝贵建议，同时还参阅了国内外有关方面的论著和资料，吸收了部分专家、学者的观点或成果，在此表示感谢。

由于时间仓促，作者水平有限，书中难免有疏漏或不妥之处，恳请各位专家与读者批评指正。

编　者

2014年6月

目　　录

学习任务1　学习环境认识

组别：________　组长（A）：________　组员（B）：________　组员（C）：________

任务描述

要开展学习就必须了解、熟悉学习环境，了解每个学习区域的特点及其功能，进入每个区域学习前熟读这个区域的管理要求及设备使用要求，在进入每个区域学习时能按照管理要求开展学习活动，能按照设备的操作规程规范地操作设备，达到有序学习安全生产的目的。

学习目标

（1）能叙述学习环境中每个区域的特点及功能。
（2）能叙述“6S”的涵义和内容。
（3）能叙述工具、量具、洁具的摆放要求。
（4）能叙述数控车床操作前后的维护保养内容。
（5）能叙述学习环境区域安全管理条例内容。
（6）能叙述数控车床安全操作规程内容。
（7）能叙述场地常见的安全标示的含义。
（8）能叙述数控车床的组成。
（9）能简单操作数控车床。

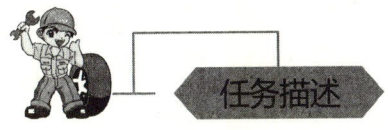

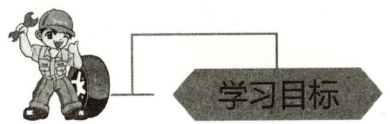

1.1　学习环境功能区介绍

1. 数控车床作业区

数控车床作业区是学生完成零件的真实加工，体验零件的完整加工过程，养成规范操作习惯，习得技能的重要场所，如图 1.1 所示。

图 1.1　数控车床作业区

2. CAD/CAM 软件数控加工仿真实验室

CAD/CAM 软件数控加工仿真实验室是教师采用多媒体授课，学生学习、利用多媒体平台查找资料，进行零件仿真加工及师生交流的场所，如图 1.2 所示。

图 1.2　CAD/CAM 软件数控加工仿真实验室

3. 刀具刃磨区

刀具刃磨区，是学生学习、练习刀具刃磨，掌握刀具刃磨方法的场所，如图 1.3 所示。

图 1.3　刀具刃磨区

4. 工、量具摆放区

如图 1.4 所示，工、量具摆放区，是学生加工零件结束后对工、量具进行摆放的区域，要求学生整齐有序地摆放工、量具，养成良好的整理习惯，有助于“6S”管理的实施。

图 1.4　工、量具摆放区

1.2 学习环境的管理要求

1.2.1 什么是“6S”管理?

“6S”是：整理（Seiri）、整顿（Seiton）、清扫（Seiso）、清洁（Seiketsu）、素养（Shitsuke）、安全（Safety）的简称，如图 1.5 所示。

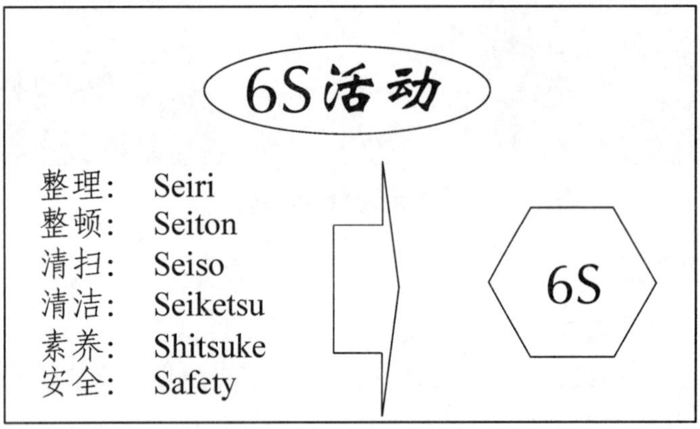

图 1.5 “6S”的含义

1. 整理（Seiri）

整理是将必需的物品和非必需的物品区分开来，节省空间和时间，防止现场混料误用，是现场改善的起点，如图 1.6 所示。

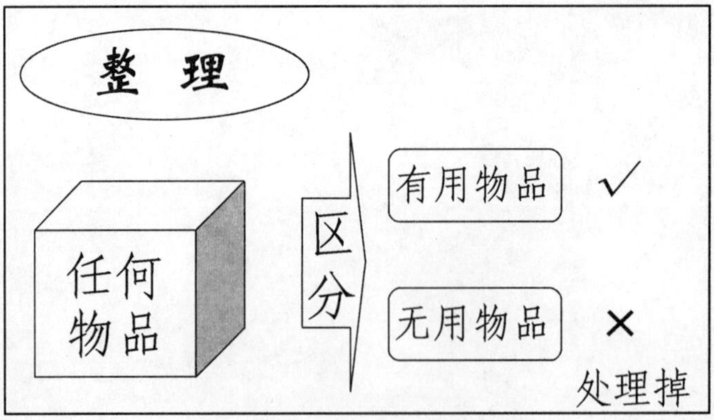

图 1.6 整理（Seiri）

2. 整顿（Seiton）

整顿是将必需的物品整理出来，并分门别类加以标示，使任何人都明白和容易拿取物品，提高工作效率，减少不良品和浪费，如图 1.7 所示。

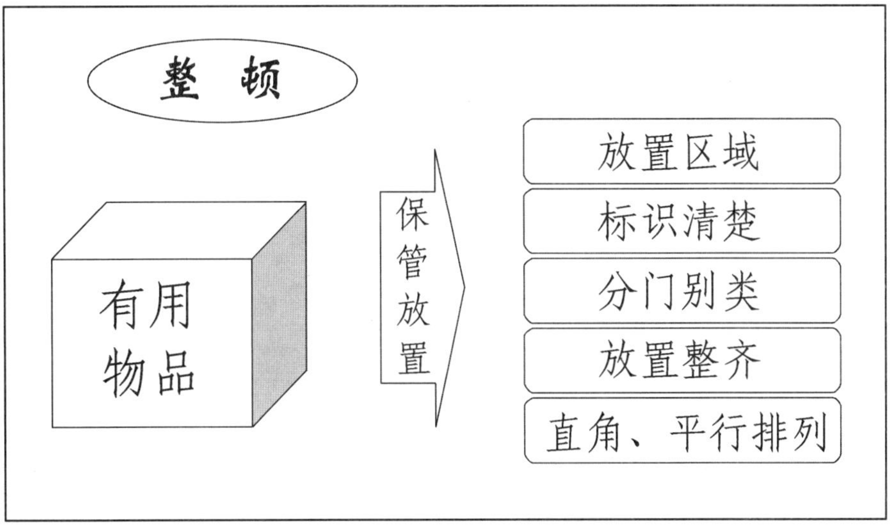

图 1.7　整顿（Seiton）

3. 清扫（Seiso）

清扫是经常将工作场所及设备打扫干净，防止污染，保持一个干净明亮舒适的工作环境，如图 1.8 所示。

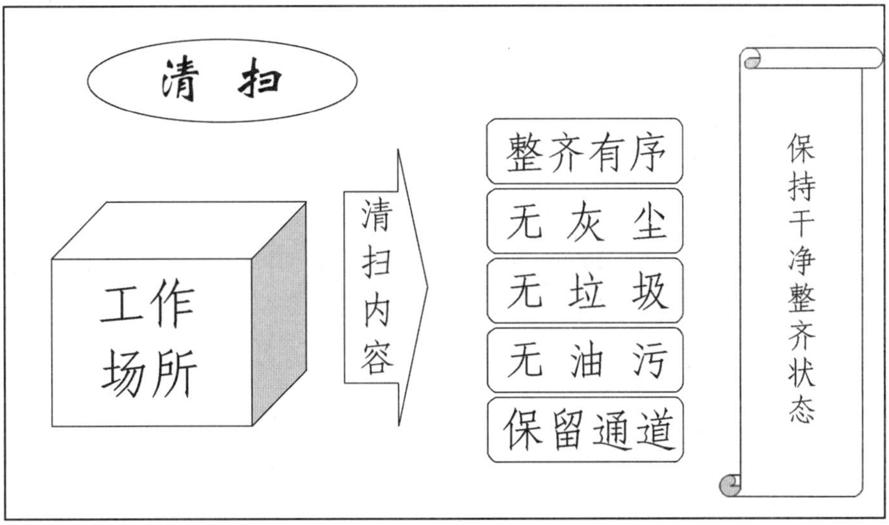

图 1.8　清扫（Seiso）

4. 清洁（Seiketsu）

清洁是维持以上“3S”的成果，使其制度化和标准化，形成一种企业车间文化，如图 1.9 所示。

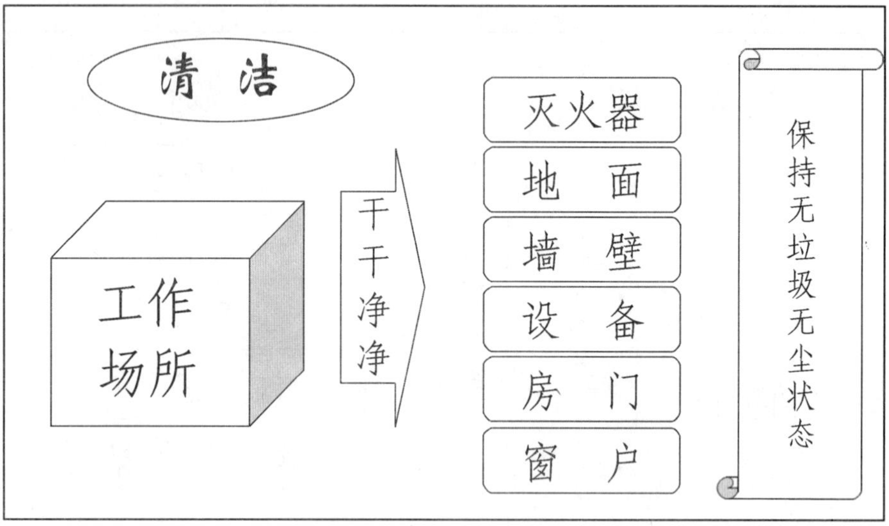

图 1.9 清洁（Seiketsu）

5. 素养（Shitsuke）

素养是培养形成以上 4S 的习惯，自觉遵守纪律和规则，形成一种团队精神，产生强烈的荣誉感和自豪感，如图 1.10 所示。

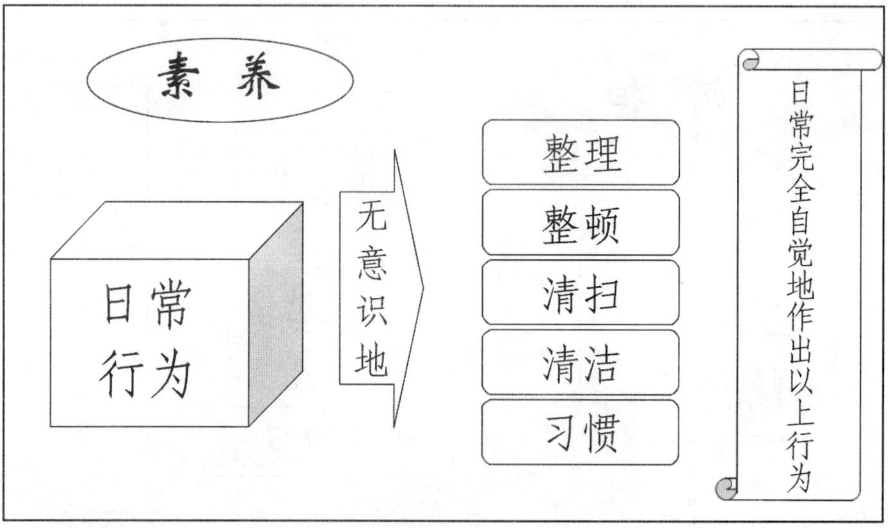

图 1.10 素养（Shitsuke）

6. 安全（Safety）

安全是指要树立“安全第一”的思想，以预防为主，作好现场安全管理，使安全事故为零，伤害率为零。

问题解答 1.2.2　学习环境有什么管理要求?

1. 清洁工具定置摆放（见图 1.11）

（a）清洁水桶、油盆的定置摆放　　（b）拖把及扫把的定置摆放

图 1.11　清洁工具的定置摆放

2. 切屑分类装载（见图 1.12）

（a）塑料屑（生活垃圾）装载　　（b）铝屑（隔油处理）装载

图 1.12　切屑分类装载

3. 车床工具定置摆放（见图 1.13）

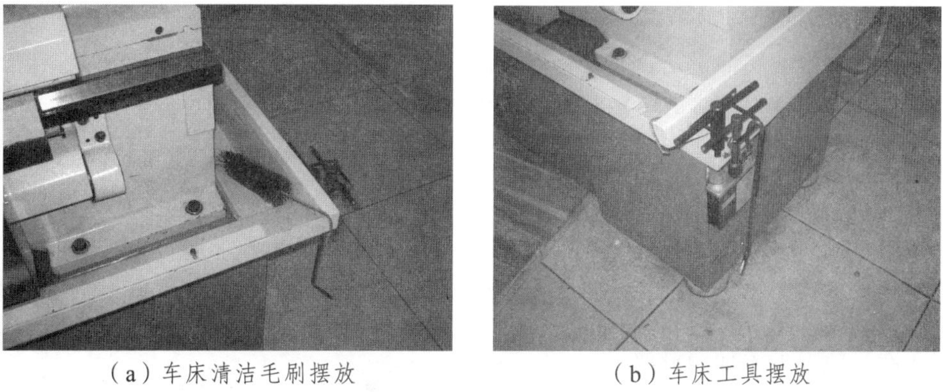

（a）车床清洁毛刷摆放　　（b）车床工具摆放

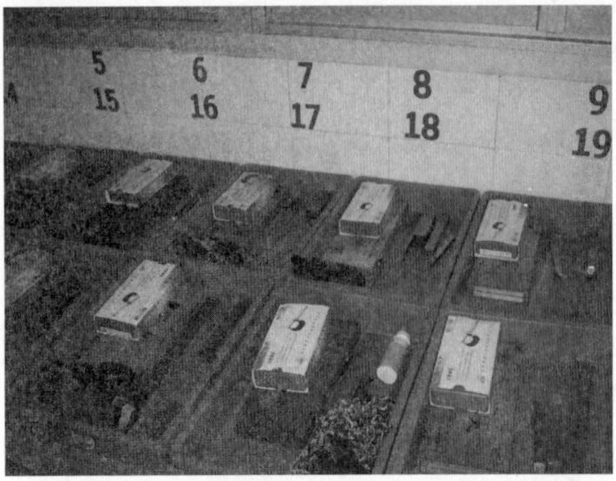

（c）工量具盘摆放（1）

（d）工量具盘摆放（2）

（e）工量具摆放桌

（f）工量具的正确摆放

图 1.13　车床工具定置摆放

问题解答

1.2.3　数控车床操作前后的维护保养有哪些内容?

1. 接通电源前

（1）应检查工、量、刀具等是否齐全、完好无损，并摆放整齐。

（2）应检查刀架、夹头、尾座等的安全情况。

（3）检查润滑油箱油量是否充足，以及油有无被污染。

（4）检查导轨、刀架等的清洁状况，不干净时，要用抹布擦拭干净。

（5）清洁机床本体。

2. 接通电源后

（1）检查冷却泵运转情况，管道有无堵塞。

（2）检查液压泵运转情况。

（3）在导轨等处添加润滑油。

（4）低速运转主轴，左右移动刀架及换换刀，观察主轴、刀架或数控系统有无异常。

注意：操作过程中定时进行机床本体及周围的清扫。

3. 操作完成后

（1）对机床本体及周围进行清扫，先用毛扫扫卷屑、碎屑，然后用干净的布擦抹导轨。

（2）严禁用带有卷屑的布擦拭导轨、机床。

（3）对机床导轨等处添加润滑油。

（4）刀架移至参考点附近。

（5）最后，收拾、清洁工、量、刀具、工作台等，并摆放整齐；用干净的布擦拭量具、并涂上专用防锈油。

1.3　安全教育

1.3.1　学习环境安全管理条例

学习环境区域安全管理条例

为保障每位进入数控车床作业区人员的人身安全及数控车床设备、设施完好，保障正常的实践性教学工作顺利进行制定本条例。

（一）进入学习环境区域

1. 操作人员，必须经过安全技术培训，考试合格后，方可上岗作业。

2. 进入数控车床作业区，人员必须在安全通道上行走。

3. 进入学习环境，必须按规定严格使用防护用品，衣着整齐（校服），衣服扎好袖口，扣上纽扣或拉上拉链，禁止手戴饰物、颈挂手机/耳机、围戴围巾等物件。

4. 操作数控车床禁止戴手套；按规定穿鞋，禁止穿露趾、露跟鞋；女生、长头发者要戴安全帽，发辫应挽在帽子内。

5. 注意休息，保持充沛的体力。

6. 书包、腰包、背囊、书本、水杯等物件放到机位以外指定位置。

7. 手机禁止在学习环境内充电，禁止一边操作数控车床一边接听电话。

8. 修剪手指甲到合适的长度。

9. 按时完成作业，未完成作业禁止上机操作数控车床。

10. 未经许可，不得开启电脑，不得在电脑上作设置修改、存储个人文件资料。

11. 损坏公物照价赔偿。

12. 加工程序录入后必须进行自检、同组自检、仿真加工，并经教师同意后才能加工。

13. 上下课列队集合，认真听取教师布置工作/作业/小结，禁止起哄及相互依靠、搭肩。

14. 考勤（起止，不定时），外出要请假，私自外出作旷课处理，实训期间玩游戏作旷课处理。

15. 学习环境卫生清洁由小组轮值负责。

16. 各组长负责协助操作过程记录。

（二）操作前

1. 操作人员必须站在脚踏板上。

2. 应对各部位螺栓、行程限位，信号，安全防护（保险）装置及机械传动部分、电器部分，各润滑点进行严格检查，确定可靠后，方可启动。

3. 各类机床照明应用安全电压、电压不得大于 36 V。

（三）操作中

1. 工、夹、刀具及工件必须装夹牢固。各类机床，开车后应先进行低速空转，一切正常后，方可正式作业。

2. 机床道轨面上、工作台上禁止放工具和其他东西。不准用手清除铁屑，应使用专门工具清扫。

3. 机床开动前要观察周围动态，机床开动后，要站在安全位置上，以避开机床运动部位和铁屑飞溅。

4. 机床运转中，不准调节变速机构或行程，不得用手触摸传动部分、运动中的工件、刀具等在加工中的工作表面，不准在运转中测量任何尺寸，禁止隔着机床传动部分传递或拿取工具等物品。

5. 发现有异常响动时，应立即停车检修，不得强行或带病运转，机床不准超负荷使用。

6. 在加工过程中，严格执行工艺纪律，看清图纸，看清各部分控制点、粗糙度和有关部位的技术要求，并确定好制作件加工工序。

7. 调整机床速度、行程、装夹工件和刀具，以及擦拭机床时都要停车进行。不准在机床运转时离开工作岗位，因故要离开时必须停车，并切断电源。

（四）操作后

1. 将待加工的原料及加工完的成品、半成品及废料，必须堆放在指定地点，各种工具及刀具必须保持完整、良好。

2. 作业后，必须切断电源，卸下刀具，将各部手柄放在空挡位置，锁好电闸箱。

3. 清扫设备卫生，打扫好铁屑，导轨注好润滑油，以防锈蚀。

问题解答

1.3.2 如何安全操作数控车床？

数控车床安全操作规程

1. 每次操作前必须按要求熟读操作指导书，并预先做好指定的作业，否则不能上机操作。

2. 操作过程必须严格按操作进度进行，未提及的操作，不得擅自进行。

3. 操作不当可能引起意外事故，例如机床损坏或灾难性的后果——重伤或死亡。

4. 严禁更改任何一个机床控制参数值及初始化程序区。

5. 工件装夹要牢固，卡盘扳手、刀架扳手用完后一定要随手取下，防止留在卡盘、刀架上，以免发生事故。

6. 刀具安装牢固，可靠。

7. 不得擅自操纵主轴变速箱手柄或频繁改变主轴转速。学生练习操作时，主轴最高转速限定在≤560 r/min，或按指定的转速操作。

8. 在加工零件之前、或按运行键前，要充分检查所输入的数据。输入了错误数据会引起机床的动作不正常，可能发生电机烧坏，或发生碰撞，损坏工件、刀具、机床，甚至伤及人员。

9. 在检查操作程序后，要进行不装工件的空运行。当把工件装在机床上时，误动作会引起事故的发生。

10. 每次加工零件前，一定要确认起刀点位置是否已正确设置。

11. 操作过程，机床前挡板门要关闭，不能两人或多人同时操作机床，严禁串岗。

12. 操作过程如发生异常情况应及时停机，并报告老师。

1.3.3　场地常见的安全标识有哪些?

1. 车间安全警示标识

作为一个合格的机加工人员必须熟识车间的安全警示标识，如图 1.14 所示。

图 1.14　车间安全警示标识

2. 车床安全警示标识

（1）车床在运转时，操作人员双手应远离旋转中的卡盘，同时也不允许开启机床拉门，其安全警示标识如图 1.15 所示。

图 1.15

（2）在进行机加工时，棒料不可伸出主轴或送料器，否则应充分了解伸出部分旋转产生的危险性，对危险区应作指示或悬挂危险警示牌，其安全警示标识如图 1.16 所示。

图 1.16

（3）车床的箱内有高压电源，在开启电箱活动门前必须关闭电源，其用电安全警示标识如图 1.17 所示。

图 1.17

1.4　认识数控车床

1.4.1　什么是卧式数控车床？它由哪些部分组成？

卧式数控车床主要用于加工轴类零件和直径不太大的盘类零件，是应用数量最多的一种数控车床。图 1.18 所示为 G-CNC350 卧式数控车床。

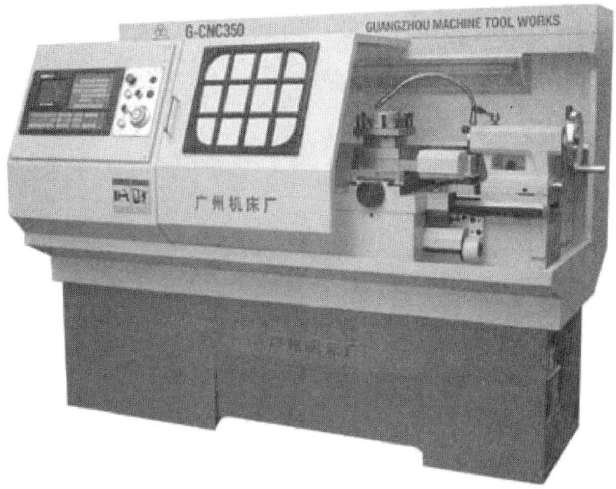

图 1.18　G-CNC350 卧式数控车床

1. 主轴箱（床头箱）

主轴箱位于床身的最左边，如图 1.19 所示。主轴箱中的主轴通过卡盘等夹具装夹工件。主轴箱的功能是支撑主轴并传动主轴，使主轴带动工件按照规定的转速旋转，以实现机床的主运动。

图 1.19　主轴箱

2. 转塔刀架

转塔刀架安装在机床的刀架滑板上，如图 1.20 所示，在它上面可安装多把刀具，加工过程中通过转塔的转位实现自动换刀。转塔刀架上除安装车床用刀具外，还可以配置动力头完成部分铣削功能。

图 1.20　转塔刀架

3. 刀架滑板

刀架滑板由纵向（Z 向）滑板和横向（X 向）滑板组成。

纵向滑板安装在床身导轨上，沿床身实现纵向（Z 向）运动。

横向滑板安装在纵向滑板上，沿纵向滑板上的导轨实现横向（X 向）运动。

刀架滑板的作用是使安装在其上的刀具在加工中实现纵向和横向进给运动。

4. 尾　座

尾座安装在床身导轨上，并沿导轨可纵向移动，调整位置，如图 1.21 所示。

尾座的作用是：安装顶尖支撑工件，在加工中起辅助支撑作用；安装钻头，在工件上钻孔。

图 1.21　尾座

5. 床 身

床身固定在车床底座上，是车床的基本支撑件，在床身上安装着车床的各主要部件。床身的作用是支撑各主要部件并使它们在工作时保持准确的相对位置。

6. 底 座

底座是车床的基础，用于支撑车床的各部件，连接电气柜，支撑防护罩和安装除屑设备。在一些新型数控车床上为提高车床的整体刚性，将床身和底座做成一体，即整体式床身结构。

7. 前挡板门（防护罩）

防护罩安装在机床底座上，用于加工时保护操作者的安全，保持环境的清洁，如图1.22所示。

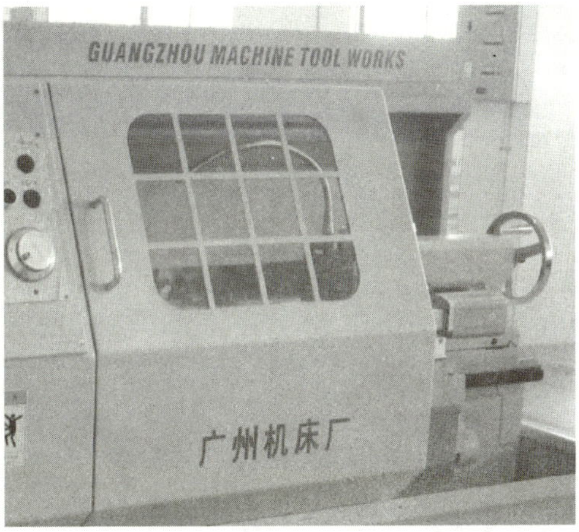

图1.22　前挡板门

8. 机床电气控制系统

机床电气控制系统主要由数控系统（数控装置、伺服系统及可编程控制器等）和机床的强电控制系统组成。机床电气控制系统完成对机床的自动控制，如图1.23所示。

图1.23　机床电气控制系统

9. 机床润滑系统

机床润滑系统为机床运动部件间提供润滑和冷却，如图 1.24 所示。

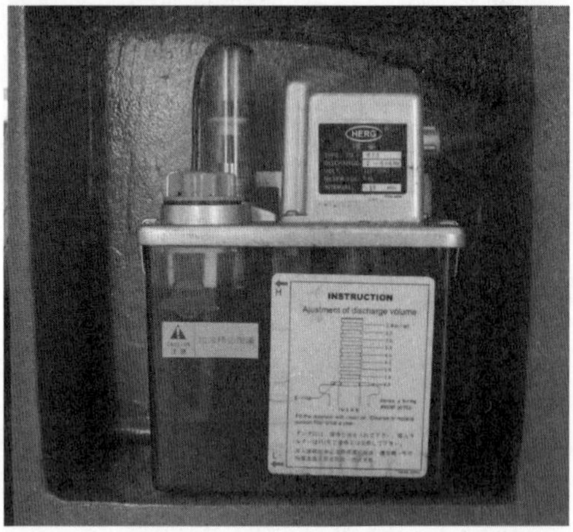

图 1.24　机床润滑系统

10. 机床切削液系统

机床切削液系统为机床在加工中提供充足的切削液，满足切削加工的要求，如图 1.25 所示。

图 1.25　机床切削液系统

11. 机床的液压传动系统

某些机床还配有液压传动系统，实现机床上的一些辅助运动，主要是实现如工件自动夹紧机构的动作、尾座套筒的移动等动作。

问题解答

1.4.2　数控系统面板由哪些部分组成？

1. 面　板

以广州数控系统为例，其面板如图 1.26 所示。

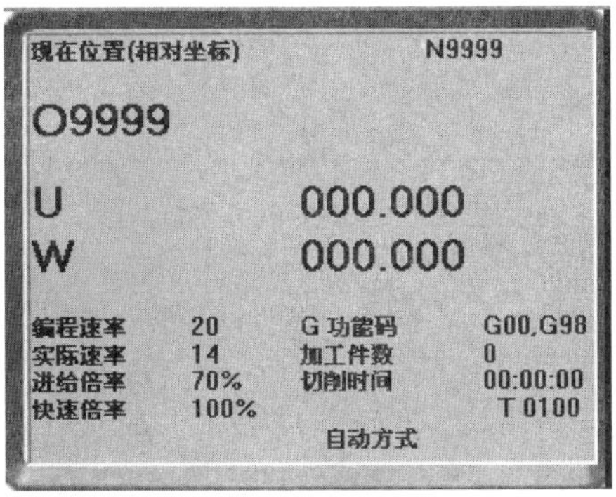

图 1.26　面板

2. **显示页面键**（广州数控系统）

显示页面键是用于选择各种显示画面，共有 7 种显示画面：位置、程序、刀补、报警、设置、参数、诊断，如图 1.27 所示。

图 1.27　显示页面键

查阅机床数控系统操作说明书，根据表 1.1 中所对应的页面功能熟悉数控机床的显示页面。

表 1.1

页面	功　能
位置	显示现在位置，共有 4 页，通过翻页键转换，即：[相对坐标]、[绝对坐标]、[综合坐标]、[坐标/程序] 页
程序	程序的显示、编辑等，共有 3 页，即：[程序内容]、[程序状态]、[程序目录]页
刀补	显示，设定补偿量和宏变量，共有项，即：[偏置]、[宏变量] 页
参数	显示，设定参数
诊断	显示各种诊断数据
报警	显示报警信息
设置	显示，设置各种设置参数，参数开关及程序开关

3. **键盘**（广州数控系统，见图 1.28）

图 1.28　广州数控系统键盘

查阅机床数控系统操作说明书，根据表 1.2 所列的按键功能熟悉数控机床的键盘。

表 1.2

序号	名称	用途
1	复位（//）键	解除报警，CNC 复位
2	地址/数字键	输入字母、数字等字符
3	输入键（IN）	用于输入参数，补偿量等数据； MDI 方式下程序段指令的输入； 从 RS232 接口输入文件的启动
4	输出（OUT）键	从 RS232 接口输出文件启动
5	转换（CHG）键	位参数，位诊断含义显示方式的切换
6	取消（CAN）键	消除输入到键输入缓冲寄存器中的字符或符号。键缓冲寄存器的内容由 CRT 显示。 例：键输入缓冲寄存器的显示为： N001 时，按（CAN）键，则 N0001 被取消
7	删除（DEL）键	用于程序的删除编辑操作
8	插入/修改键	用于程序的插入，修改的编辑操作
9	换行（EOB）键	用于程序录入、编辑的换行操作
10	光标移动键	有四种光标移动： ↓：使光标向下移动一个区分单位； ↑：使光标向上移动一个区分单位； →：使光标向右移动一个区分单位； ←：使光标向左移动一个区分单位； 持续地按光标上下键时，可使光标连续移动
11	换页键	有两种换页方式： ↓：使 LCD 画面的页顺方向更换； ↑：使 LCD 画面的页逆方向更换

4. 机床操作面板（广州数控系统，见图 1.29）

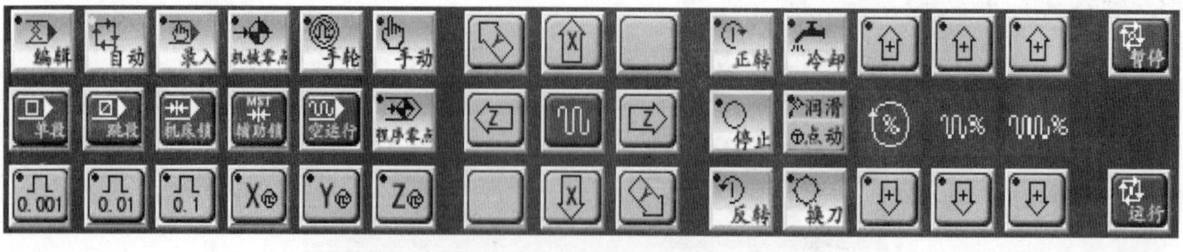

图 1.29　机床操作面板

查阅机床数控系统操作说明书，根据表 1.3 所列的按键功能熟悉机床操作面板的键盘。

表 1.3

名称	用途
循环启动按钮	自动运行的启动。在自动运行中，自动运行的指示灯
进给保持按钮	自动运行中刀具减速停止
方式选择开关	选择操作方式
快速进给开关	手动快速进给
手动轴向运动按钮	手动连续进给，单步进给，轴方向运动。  表示刀架沿 *X*− 方向运动；  表示刀架沿 *X*+ 方向运动；  表示刀架沿 *Z*− 方向运动；  表示刀架沿 *Z*+ 方向运动
返回程序起点	返回程序起点开关为 ON 时，为回程序零点方式
快速进给倍率	选择快速进给倍率
单步/手轮移动量	选择单步一次的移动量（单步方式）
急停	机床紧急停止（用户外接）
机床锁住	机床锁住
进给速度倍率	在自动运行中，对进给速率进行倍率
手动连续进给速度	选择手动连续进给的速度
手摇轴选择	选择与手摇脉冲发生器相对应的移动轴
单步/手轮移动量	手轮进给时，选择一刻度对应的移动量（手轮方式）
主轴启动	手动主轴正转，反转，点动启动，停止
主轴倍率	主轴倍率选择。（含主轴模拟输出时）
冷却液启动	冷却液启动。（详见机床厂配备的说明书）
润滑液启动	润滑液启动。（详见机床厂配备的说明书）
手动换刀	手动换刀。（详见机床厂配备的说明书）

5. **面板指示灯**（广州数控系统，见图 1.30）

回零完成灯　快速灯　单段灯　机床锁　辅助锁　空运行

图 1.30

1.4.3 如何正常启动数控车床?

正常启动数控车床的步骤如下：

合上控制电柜开关→合上机床电柜开关→释放操作面板上的急停按钮（红色）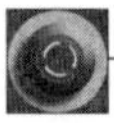→按下急停按钮上方的启动按钮（白色）。

1.4.4 如何简单操作数控车床?

1. 手动返回参考点（广州数控系统）

操作步骤如下：

（1）按参考点方式键，选择回参考点操作方式，这时液晶屏幕右下角显示“机械回零”，如图 1.31 所示。

图 1.31

（2）按下手动轴向运动开关 $X+$ 方向及 $Z+$ 方向，如图 1.32 所示，机床刀架向选择的轴向运动。

（3）机床快速移动，碰到减速开关后慢速移动到参考点。返回参考点后，返回参考点指示灯亮，如图 1.33 所示。

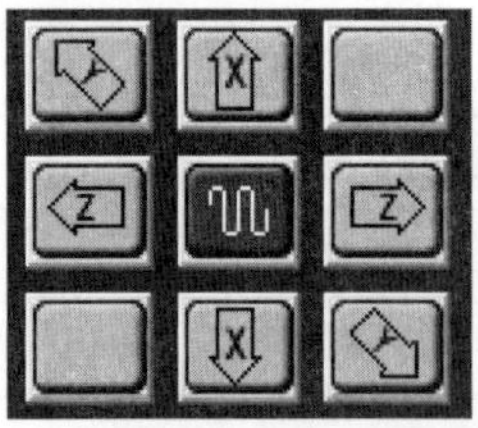

图 1.32

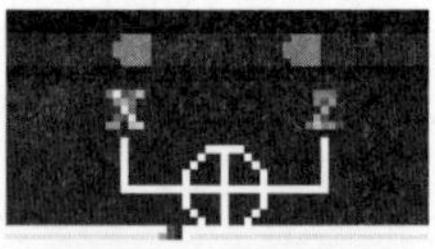

图 1.33

2. 手动进给（广州数控系统）

（1）按下手动方式键，键，选择手动操作方式，这时液晶屏幕右下角显示“手动方式”，如图 1.34 所示。

图 1.34

（2）选择移动轴，机床沿着选择轴方向移动。

选择键，表示刀架沿 $Z-$ 方向运动，靠近三爪卡盘。

选择键，表示刀架沿 $Z+$ 方向运动，离开三爪卡盘。

选择键，表示刀架沿 $X-$ 方向运动，靠近中心轴线。

选择键，表示刀架沿 $X+$ 方向运动，离开中心轴线。

（3）手动快速移动。

按下快速进给键时（带自锁的按钮），如图 1.35 所示，进行“开→关→开”切换，当按下为“开”时，位于面板上部指示灯亮，当按下为“关”时，位于面板上部指示灯灭。选择为“开”时，手动以快速速度进给。

（a）手动快速键　　（b）手动快速指示灯

图 1.35

3. **手轮进给**（广州数控系统）

（1）按下手轮方式键，选择手轮操作方式，这时液晶屏幕右下角显示“手轮”方式，如图 1.36 所示。

图 1.36

（2）选择手轮运动轴：在手轮方式下，按下相应的轴选择键或，则刀架选择了 X 或 Z 轴方向。

（3）转动手轮（手摇脉冲发生器），刀架移动方向由手轮旋转方向决定，一般情况下，手轮顺时针为正向进给，逆时针为负向进给，如图 1.37 所示。

图 1.37　手摇脉冲发生器

（4）选择移动量：按下增量选择键，选择移动增量，相应在屏幕左下角显示移动增量。移动量选择开关如图 1.38 所示。

图 1.38

4. 手动辅助机能操作（广州数控系统）

（1）手动换刀

在手动/手轮/单步方式下，按下键，刀架旋转换下一把刀。

（2）主轴正转

在手动/手轮/单步方式下，按下键，主轴正向转动启动。

（3.）主轴停止

在手动/手轮/单步方式下，按下键，主轴停止转动。

（4）主轴反转

在手动/手轮/单步方式下，按下键，主轴反向转动启动。

（5）冷却液泵开关操作

在手动/手轮/单步方式下，按下键，进行冷却液泵开、关操作。

（6）润滑油泵开关操作

在手动/手轮/单步方式下，按下键，进行润滑油泵开关操作。

在手动/手轮/单步方式下，按下键，进行润滑油泵开关操作。

操作练习

手动或手轮操作数控车床加工如图 1.39 所示的零件，零件材料为塑料，直径ϕ25 mm。

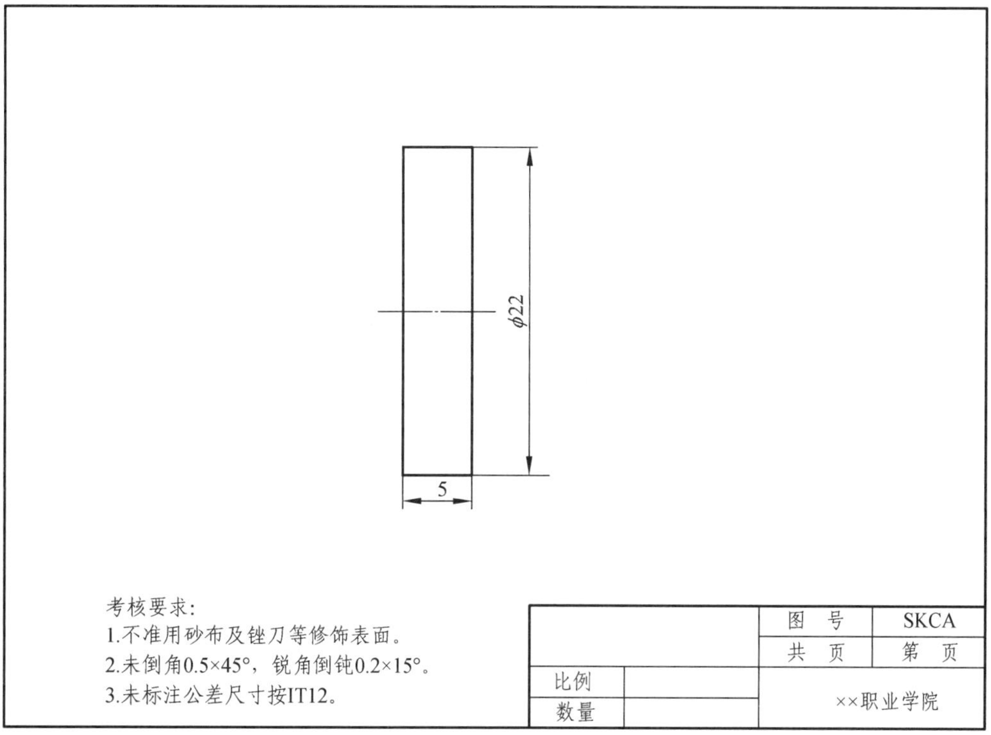

图 1.39

评价反馈

班级： ________　**姓名：** ________　**学号：** ________　**成绩：** ________

一、判断题（每题 1 分，共 40 分）

1. 学生任何时间都可以进入数控车床作业区。(　　)

2. 学生要严格遵守安全技术操作规程和各项规章制度。(　　)

3. 因违反设备安全操作规程或规章制度，出现危及自身或他人或设备安全的行为，当值指导教师可即时停止其在机械实训室的学习，再次进行安全教育并呈报上级部门处理。(　　)

4. 学生请严格按实训室安排的时间实训，学习期间未经教师批准，学生不得随意离开数控车床作业区和工作岗位，不允许串岗。(　　)

5. 学生必须做好个人安全防护措施，学生未按要求做到，教师可拒绝其进入数控车床作业区或工作岗位。(　　)

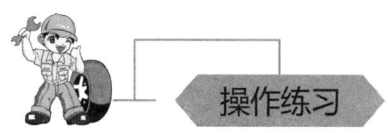

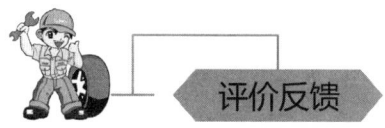

6. 学生在学习时要严格听从指导教师的安排和指挥，按编排的工位使用设备，未经指导教师允许，可以使用其他设备。(　　)

7. 学习环境提供保管箱，学生应妥善保管实训工、量、刃具和保管箱钥匙，如有遗失或损坏应照价赔偿。(　　)

8. 学习环境内不允许高声喧闹、追逐玩耍、抛投物品或零件，严禁打架。(　　)

9. 学习环境内的所有物品均可以带离。(　　)

10. 学习期间，学生因违反操作规程所出现的事故，或因隐瞒事故而出现的后果，由其本人承担经济及纪律责任。(　　)

11. 学习期间学生可以穿拖鞋、凉鞋、高跟鞋、露趾、露脚背、露脚跟的鞋子进入学习环境。(　　)

12. 学习期间学生不能穿着宽松的衣裤和有吊带、吊绳外露的衣裤，不能穿着有连体帽的衣服。(　　)

13. 学习期间学生穿着长袖衣服时，衣袖不能过于宽松，衣袖口要束好，并佩戴工作手袖。(　　)

14. 学习期间学生可以赤脚、赤膊进入车间。(　　)

15. 学生进行机械实训时应自备手袖、平光防护眼镜、工作帽等劳保用品。(　　)

16. 保管箱借用时，交纳压金后同时领取保管箱钥匙一条、号码牌一个、钥匙扣一个。(　　)

17. 保管箱借用后，可以在里面放任何物品。(　　)

18. 如有恶意损坏保管箱或丢失钥匙者，须照价赔偿。(　　)

19. 到 CAD/CAM 软件数控加工仿真实验室时，严格遵守操作规定，离开机房必须关掉一切电源。(　　)

20. 到 CAD/CAM 软件数控加工仿真实验室学习时，可以随意开闭机房的供电电源开关。(　　)

21. 到 CAD/CAM 软件数控加工仿真实验室学习时，学生可以随意使用服务器及空调器。(　　)

22. 未经主管人员同意，室内资料，公用软件及磁盘等不得随意拷贝和带出室外，用完后须放回原处。(　　)

23. 到 CAD/CAM 软件数控加工仿真实验室学习时，学生可以在计算机内安装其他软件。(　　)

24. 学生进入 CAD/CAM 软件数控加工仿真实验室应佩戴胸卡，保持安静，不准喧哗。(　　)

25. 学生使用计算机时需自带鼠标，并按照当值教师指定的练习项目、工位使用计算机。(　　)

26. 学生使用计算机时，不能玩游戏或进行教师未指定的内容，若经提醒未能改善者，立即停止其实训或取消考证培训资格。(　　)

27. 使用计算机完毕，可以马上离开，不用搞清洁卫生。(　　)

28. 学习时可以用量具测量运转着的工件。(　　)

29. 测量时不能用力过大，也不能量温度过高的工件。(　　)

30. 量具用完后，擦干净，涂油防锈，并放在专用量具盒内。(　　)

31. 使用砂轮时要戴上防护眼镜，必须站在砂轮机侧面，不能正对砂轮。(　　)

32. 可以戴手套在砂轮机磨刀。(　　)

33. 不准在普通砂轮上磨硬质合金物，磨铁质工件应勤蘸水使其冷却。(　　)

34. 磨刀时可以两个人同时用一块砂轮。(　　)

35. 砂轮机使用完毕，应立即关闭电掣，不要让砂轮机空转。(　　)

36. 每天上下课全班或分项目集队点名及考勤。(　　)

37. 上午 9：50 ~ 10：15 为实训学生休息时间，休息期间全部机床必须停止加工，学生不得在车间逗留。(　　)

38. 严禁将风枪当做玩具玩耍；严禁用风枪朝自己身上吹或向别人吹，严禁用风枪将切屑、油液吹起向到处飞溅。(　　)

39. 每天下课可以不搞清洁卫生就离开学习环境。(　　)

40. 工作期间，若工作岗位地面出现有杂物、油液渗漏，应即时清理，以防伤害事故发生。(　　)

二、选择题（每题 2 分，共 20 分）

1. 学生进行实训前，必须接受安全教育，并按指导教师的要求阅读相关安全技术操作规程和各项规章制度，每一环节经笔试考核达(　　)分以上，才能进入学习环境或 CAD/CAM 软件数控加工仿真实验室。

A. 85　　B. 90　　C. 95

2. 因违反安全规程造成设备严重事故或造成人身伤害事故或严重影响他人学习者，学习成绩评定为（　　）。

A. 不及格　　B. 合格　　C. 良好

3. 每天上下课前均统一集队点名考勤，学习过程按既定的工作岗位、学习岗位抽检考勤，凡未经教师批准的离岗，均按（　　）一次处理。

A. 迟到　　B. 早退　　C. 缺勤

4. 到 CAD/CAM 软件数控加工仿真实验室学习时，学生提前(　　)分钟进入机房，做好上课准备。

A. 5　　B. 10　　C. 15

5. 在学习环境使用计算机时，如故意损坏计算机或网络通信设施，实训成绩评定为(　　)。

A. 不及格　　B. 合格　　C. 良好

6. 不能用精密量具测量（　　）。

A. 零件　　B. 毛坯　　C. 样规

7. 砂轮机启动后，要空转（　　）分钟，确认砂轮运转正常时方可使用。

A. 2 ~ 3　　B. 10 ~ 15　　C. 30 ~ 60

8. 到学习环境学习的学生统一穿（　　）。

A. 校服　　B. 无袖衣服　　C. 短裤

9. 有以下（　　）行为者，立即停止其实训，重新进行安全学习。

A. 迟到一次　　B. 缺勤一次　　C. 违反设备安全操作规程

10. 凡有以下（　　）行为者，立即停止其实训，并向上级部门汇报和处理。

A. 故意损坏机床和工装设备　　B. 早退一次　　C. 忘穿校服一次

三、填空题（共 40 分）

1. “6S” 是____________（Seiri）、____________（Seiton）、____________（Seiso）、____________

（Seiketsu）、__________（Shitsuke）、__________（Safety）的简称。（以上每空 1 分）

2. 整理是____。

3. 整顿是____。

4. 清扫是____。

5. 清洁是____。

6. 素养是____。

7. 安全是____。（以上每空 2 分）

8. 将以下标识的含义写在对应的横线上。

图 a

图 b

图 c

图 d

图 e

图 f

图 g

图 h

图 i

图 j

图 k

图 a：__________________　　图 b：__________________

图 c：__________________　　图 d：__________________

图 e：__________________　　图 f：__________________

图 g：__________________　　图 h：__________________

图 i：__________________　　图 j：__________________

图 k：______________________________（以上每空 2 分）

学习任务2 调节螺母零件加工

组别：________ 组长（A）：________ 组员（B）：________ 组员（C）：________

任务描述

调节螺母零件在直单向阀接头连接器中起到调节连接松紧程度的作用，要顺利完成调节螺母零件的加工首先需认识数控车床的结构、功能和工作原理，掌握数控车床坐标系建立方法并进行零件节点坐标计算，其次学习数控车床的基本操作，最后在合理安排加工工艺的基础上，运用 G 代码进行手工编程完成调节螺母零件的加工，具体的加工要求如图 2.1 所示。

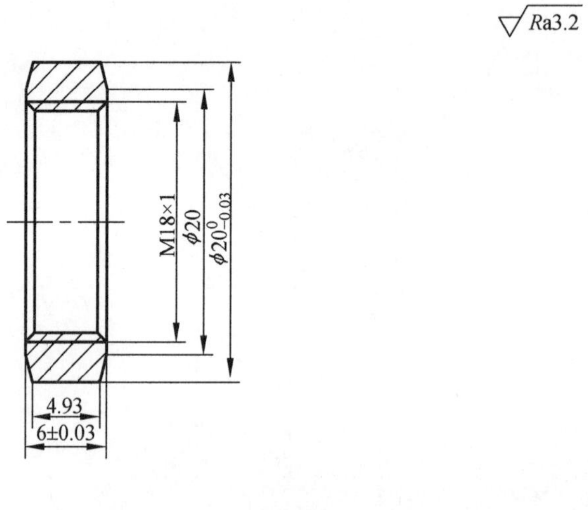

考核要求：
1.不准用砂布及锉刀等修饰表面。
2.未倒角0.5×45°，锐角倒钝0.2×15°。
3.未标注公差尺寸按GB1804—M。

调节螺母		图 号	SKCA
		共 页	第 页
比例		××职业学院	
数量			

图 2.1

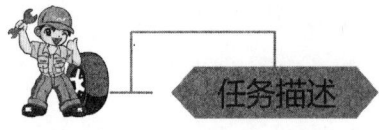

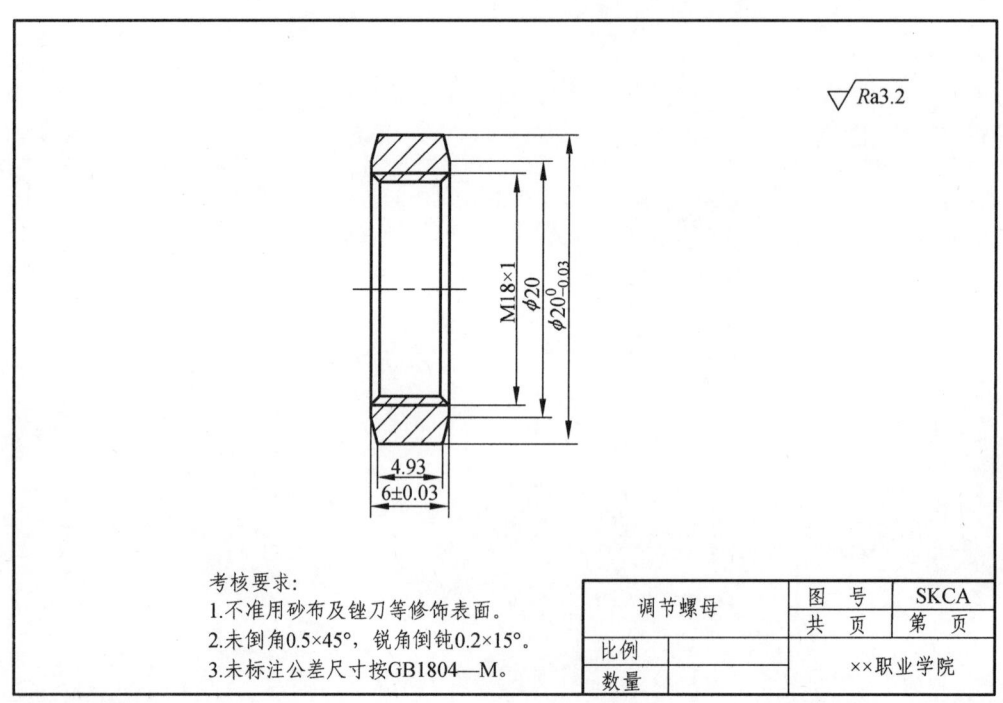

学习目标

（1）能叙述数控车床的结构和功能，以及数控车床加工零件的工作原理。
（2）能叙述数控车床坐标系的建立方法并计算零件图节点坐标值。
（3）能在教师的指导下，规范操作数控车床面板。
（4）能叙述学习任务内容，按工作计划开展工作。
（5）能在教师的指导下，解释零件加工程序的程序段含义。
（6）能正确进行工件的安装及对刀。
（7）能在教师的指导下，安全规范操作数控车床完成零件的加工及检测。

任务结构

调节螺母零件加工

- 一、明确任务
- 二、模拟加工
  - （1）可行性分析
    - ①分许工作任务的主要加工内容。
    - ②选择加工备料方案，并说明所选择备料方案的优缺点。
    - ③设计零件加工时的装夹方案，并画出装夹简图。
    - ④选择装夹时所用的夹具。
    - ⑤选择加工时所用的刀量具，并说明理由，同时填写刀具、工具清单。
    - ⑥选择检测工件时所用的量具，并说明理由，同时填写量具清单。
  - （2）填写加工工艺卡，理解工艺卡内容及填写方法。
  - （3）填写加工程序单，理解每段程序的含义。
  - （4）零件仿真加工。
- 三、真实加工
  - （1）按刀具、工具清单，量具清单领取刀具、工具、量具。
  - （2）开机前检查。
  - （3）程序录入。
  - （4）程序校验。
  - （5）刀具安装及对刀。
  - （6）首件零件加工、检零件质量，如有质量问题，进行质量分析，提出解决问题的方法。
  - （7）结合首件零件加工的情况，如有质量问题，改进加工方法，进行第二件零件加工，检测零件质量，如仍有质量问题，继续进行质量分析，提出解决问题的方法。
  - （8）结合前两件零件加工的情况，进行第三件零件加工，检测零件质量，对本次零件加工进行总结，设计批量生产的加工方案。
  - （9）按“6S”要求进行整理。
- 四、评价反馈

一、明确任务

了解调节螺母零件的功能及使用价值，分析工作任务的主要加工内容，清楚完成任务所需的知识，明确完成任务的流程。

二、模拟加工

（1）可行性分析。

认真阅读图纸，深入思考、仔细分析解决以下问题。

① 零件的主要加工内容有哪些？

序号	加工内容
1	外形加工
2	内孔加工
3	内螺纹加工
4	切断加工
5	钻孔
6	钻中心孔
7	
8	
9	
10	

② 零件加工流程是怎样的？

______→______→______→______→______→______→______→______→______→______→______→______

③ 选择什么样的夹具，并说明选择理由。（可多选）

A. 普通三爪卡盘（　　）　　B. 普通四爪卡盘（　　）

C. 可实现自动送料的液压卡盘（　　）　　D. 其他夹具（　　）

④ 选择什么样的备料方案，并说明理由。

A. $\phi25\times6$（　　）　　B. $\phi25\times7$（　　）

C. $\phi25\times500$（　　）　　D. $\phi24\times500$（　　）

E. 自定义材料尺寸（　　）

⑤ 设计零件加工装夹方案，并画出装夹简图。

装 夹 方 案 简 图

⑥ 选择所要使用的刀具、工具，并说明每种刀具、工具的用途。

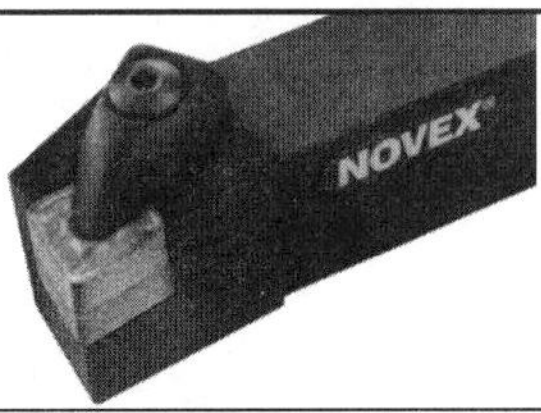	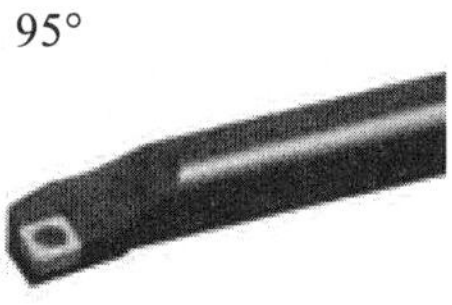	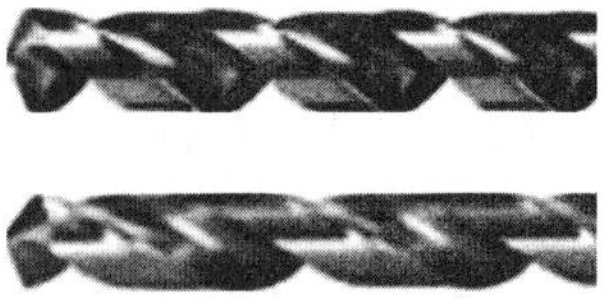
A. 外圆车刀（　　）	B. 内孔镗刀（　　）	C. 麻花钻头（　　）
	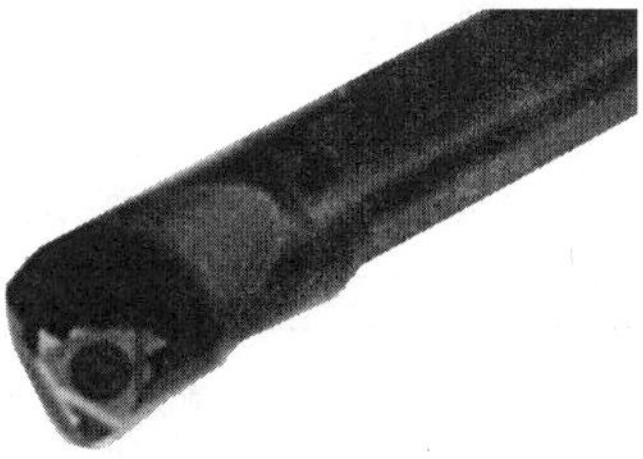	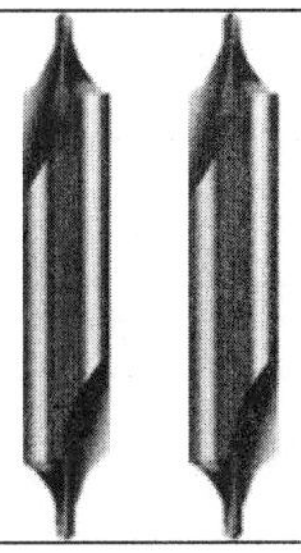
D. 外圆切槽刀（　　）	E. 内孔螺纹刀（　　）	F. 中心钻（　　）
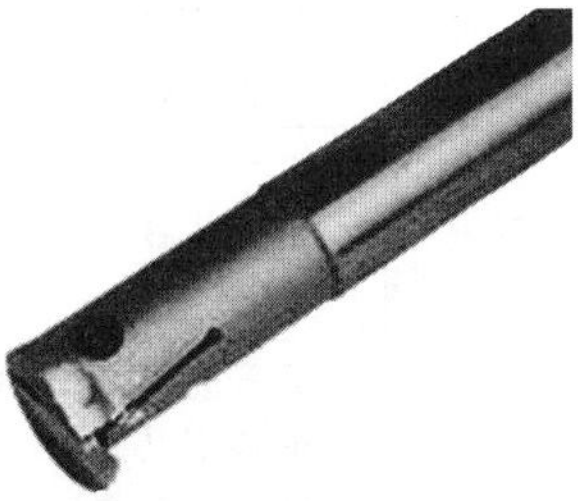		
G. 内孔切槽刀（　　）		

⑦ 确定所要使用的量具，并说明每种量具的用途。（注：游标卡尺的用途及使用方法可查阅附件 2.10“学习资料”）

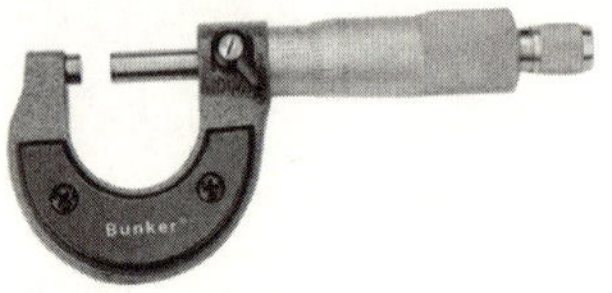	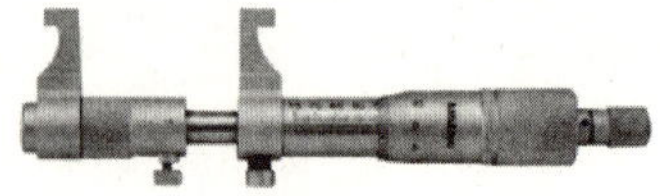	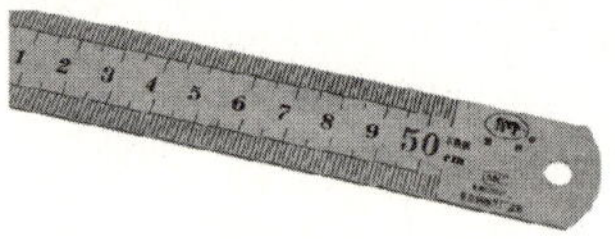
A. 外径千分尺（　　）	B. 内径千分尺（　　）	C. 钢直尺（　　）

D. 游标卡尺（　　）	E. 圆弧半径样规（　　）	F. 万能角度尺（　　）

（2）填写加工工艺卡，见附件 2.1。

（3）填写加工程序单，见附件 2.2。程序指令介绍见附件 2.10“学习资料”。

（4）零件仿真加工。

三、真实加工

工作过程记录表

工作内容 / 项目		工作要求	分工情况（签名确认）
序号	内容		
1	填写工、量具清单（见附件 2.3）	根据加工内容，讨论、确定完成加工要用的工、量具，并填写工、量具清单	组长（A）: 组员（B）: 组员（C）:
2	领取工、量具	根据填写的工、量具清单，领取工、量具	组长（A）: 组员（B）: 组员（C）:
3	开机前检查	根据附件 2.8 的要求进行开机前检查	组长（A）: 组员（B）: 组员（C）:
4	程序录入	把编写好的程序录入到操作系统中，并进行核对是否有录入错误	主要完成者（A）: 审核者（B）: 终审者（C）:

续表

工作内容 序号	项目 内容	工作要求	分工情况（签名确认）
5	程序校验	对录入完毕的程序进行校验，通过对仿真图的观察判断程序对错，如发现错误及时进行修改，直到程序能达到加工要求，并进行核对	主要完成者（B）: 审核者（C）: 终审者（A）:
6	刀具安装及对刀，填写刀具安装记录表（见附件2.4） 刀具安装及对刀方法见附件2.10“学习资料”	根据加工需求安装刀具，进行对刀填写刀具安装记录表	主要完成者（C）: 审核者（A）: 终审者（B）:
7	首件零件加工	控制机床完成首件零件加工，尽量使零件达到质量要求	主要完成者（A）: 辅助者（B）: 辅助者（C）:
8	首件零件质量检测，填写质量检测记录表(见附件2.5)	思考问题：游标卡尺能否检测零件内径尺寸？如果可以并陈述检测方法。(注：游标卡尺检测零件内径的方法可查阅附件2.10“学习资料”) 同组三位同学分别对首件零件进行检测，判断零件是否合格，如不合格，找出质量问题，进行质量问题的原因分析，并提出质量问题的解决方法，填写质量检测记录表	主要完成者（A）: 复检者（B）: 终检者（C）:
9	第二件零件加工	结合首件加工的情况，如有质量问题，提出解决问题的方法，控制机床完成第二件零件加工，使零件达到质量要求	主要完成者（B）: 复检者（C）: 终检者（A）:
10	第二件零件质量检测，填写质量检测记录表（见附件2.6）	同组三位同学分别对第二件零件进行检测，判断零件是否合格，如不合格，找出质量问题，进行质量问题的原因分析，并提出质量问题的解决方法，填写质量检测记录表	主要完成者（B）: 复检者（C）: 终检者（A）:
11	第三件零件加工	结合前两件加工的情况，如仍有质量问题，继续提出问题的解决方法，控制机床完成第三件零件加工，使零件达到质量要求	主要完成者（C）: 复检者（A）: 终检者（B）:
12	第三件零件质量检测，填写质量检测记录表（见附件2.7）	同组三位同学分别对第三件零件进行检测，判断零件是否合格，对本次零件加工进行总结，体会批量生产的加工特点，设计批量生产加工方案，填写质量检测记录表	主要完成者（C）: 复检者（A）: 终检者（B）:
13	按“6S”要求进行整理	按“6S”要求进行整理，并在附件2.9内对已完成的项目打“√”	组长（A）: 组员（B）: 组员（C）:

四、评价反馈

学习任务“调节螺母零件加工”评价表

评价项目	比重%	组长（A）	组员（B）	组员（C）
出勤情况	5	全勤□ 缺席□	全勤□ 缺席□	全勤□ 缺席□
着装情况	5	按要求穿着□ 不按要求穿着□	按要求穿着□ 不按要求穿着□	按要求穿着□ 不按要求穿着□
设备使用安全情况	5	规范操作□ 违规操作□	规范操作□ 违规操作□	规范操作□ 违规操作□
工、量具摆放情况	5	按规定摆放□ 未按规定摆放□	按规定摆放□ 未按规定摆放□	按规定摆放□ 未按规定摆放□
机床保养情况	5	有保养机床□ 没有保养机床□	有保养机床□ 没有保养机床□	有保养机床□ 没有保养机床□
工、量具保养情况	5	有保养工、量具□ 没有保养工、量具□	有保养工、量具□ 没有保养工、量具□	有保养工、量具□ 没有保养工、量具□
工作页的填写	10			
沟通与合作	5			
解决问题能力	10			
零件质量	45			
成　绩	100			

总体评价（学习进步方面、今后努力方向）：

教师签名：________　　________年______月____日

学习附件

附件 2.1

调节螺母零件加工工艺卡

零件名称	调节螺母	零件图号	Sc01	车　间	数控车床车间
工　种	数控车工	材　料	铝合金	设　备	广州数控 华中数控
耗　材	$\phi25\times10$（每件）		件　数	3 件	
零件示意图					

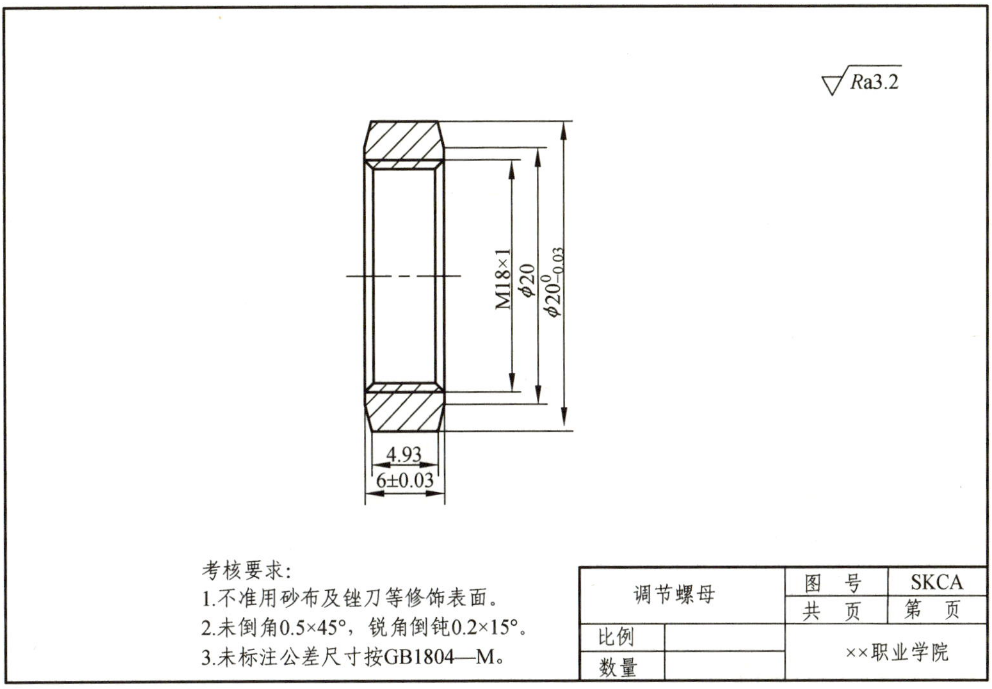

序号	加　工　工　艺	刀具号	刀具类型	主轴转速（r/min）	进给速度（mm/min）	切削深度（mm）	备注
1	装夹毛坯材料，伸出适当长度	–	–	–	–	–	
2	用外圆刀切端面	T0101	外圆刀	800	手动	约 0.5 mm	
3	用中心钻打中心孔	–	中心钻	1 000	手动	约 5 mm	
4	用 $\phi15$ 麻花钻钻孔	–	麻花钻	500	手动	约 16 mm	

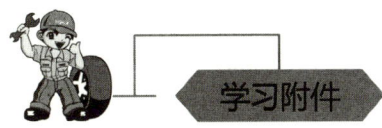

续表

5	用内孔镗刀加工内孔，把孔径加工到ϕ16.7mm	T0303	内孔镗刀	粗 800 精 1 500	粗 100 精 80	粗 0.5 粗 0.2	
6	用内螺纹刀加工内螺纹	T0404	内螺纹刀	1 000			
7	用外圆刀加工外形	T0101	外圆刀	粗 1 000 精 1 500	粗 100 精 80	粗 1 粗 0.4	
8	用切断刀切断工件，保证长度尺寸	T0202	切断刀	600	30	切断刀刀宽值	
9	调头手动倒角	—	—	—	—	—	
10							
主要完成者（A）： 审核者（B）： 终审者（C）：							

附件 2.2

调节螺母零件加工程序单

一、基于广州数控系统编程

O2001（内孔及内螺纹加工）		程序名
N10	T0303	内孔镗刀
N20	G00 X100 Z100	
N30	M03 S800	粗加工主轴转速（粗加工内螺纹孔）
N40	G00 X14.5 Z2	
N50	G90 X15.5 Z-8 F100	
N60	G90 X16 Z-8 F100	
N70	G90 X16.5 Z-8 F100	
N80	M05	
N90	M03 S1500	精加工主轴转速(精加工内螺纹孔及倒角)
N100	T0303	
N110	G00 X18.7 Z2	
N120	G01 X18.7 Z0 F50	
N130	G01 X16.7 Z-1 F50	
N140	G01 X16.7 Z-8 F80	
N150	G00 X16	
N160	G00 Z100	
N170	M05	
N180	M00	
N190	G00 X100 Z100	

续表

N200	T0404	内螺纹刀
N210	M03 S1000	
N220	G00 X16.5 Z4	
N230	G92 X17.2 Z－7 F1	
N240	G92 X17.5 Z－7 F1	
N250	G92 X17.7 Z－7 F1	
N260	G92 X17.9 Z－7 F1	
N270	G92 X18 Z－7 F1	
N280	G92 X18 Z－7 F1	
N290	G00 X100 Z100	
N300	M05	
N310	M30	
O2002（外形加工及切断）		
N10	T0101	外圆刀
N20	M03 S1000	粗加工主轴转速（粗加工ϕ24 外圆）
N30	G00 X26 Z2	
N40	G90 X24.5 Z－9 F100	
N50	G90 X24.2 Z－9 F100	
N60	M05	
N70	T0101	
N80	M03 S1500	精加工主轴转速（精加工ϕ24 外圆及倒角）
N90	G00 X20 Z2	
N100	G01 X20 Z0 F50	
N110	G01 X24 Z－0.535 F50	
N120	G01 X24 Z－9 F80	
N130	G00 X100 Z100	
N140	M05	
N150	M00	
N160	T0202	切断刀（刀宽 3 mm），倒角及切断
N170	M03 S600	
N180	G00 X25 Z－9	
N190	G01 X20 Z－9 F30	
N200	G01 X24 Z－9 F30	
N210	G01 X24 Z－8.465 F30	

续表

N220	G01 X20 Z－9 F30	
N230	G01 X15 Z－9 F30	
N240	G00 X100	
N250	G00 Z100	
N260	T0100	
N270	M30	
主要完成者（B）:	审核者（C）:	终审者（A）:

二、基于华中数控系统编程

O2001（内孔及内螺纹加工）		程序名
N10	T0303	内孔镗刀
N20	G00 X100 Z100	
N30	M03 S800	粗加工主轴转速（粗加工内螺纹孔）
N40	G00 X14.5 Z2	
N50	G80 X15.5 Z－8 F100	
N60	G80 X16 Z－8 F100	
N70	G80 X16.5 Z－8 F100	
N80	M05	
N90	M03 S1500	精加工主轴转速(精加工内螺纹孔及倒角)
N100	T0303	
N110	G00 X18.7 Z2	
N120	G01 X18.7 Z0 F50	
N130	G01 X16.7 Z－1 F50	
N140	G01 X16.7 Z－8 F80	
N150	G00 X16	
N160	G00 Z100	
N170	M05	
N180	M00	
N190	G00 X100 Z100	
N200	T0404	内螺纹刀
N210	M03 S1000	
N220	G00 X16.5 Z4	
N230	G82 X17.2 Z－7 F1	
N240	G82 X17.5 Z－7 F1	

续表

N250	G82 X17.7 Z－7 F1	
N260	G82 X17.9 Z－7 F1	
N270	G82 X18 Z－7 F1	
N280	G82 X18 Z－7 F1	
N290	G00 X100 Z100	
N300	M05	
N310	M30	
O2002（外形加工及切断）		
N10	T0101	外圆刀
N20	M03 S1000	粗加工主轴转速（粗加工ϕ24 外圆）
N30	G00 X26 Z2	
N40	G80 X24.5 Z－9 F100	
N50	G80 X24.2 Z－9 F100	
N60	M05	
N70	T0101	
N80	M03 S1500	精加工主轴转速（精加工ϕ24 外圆及倒角）
N90	G00 X20 Z2	
N100	G01 X20 Z0 F50	
N110	G01 X24 Z－0.535 F50	
N120	G01 X24 Z－9 F80	
N130	G00 X100 Z100	
N140	M05	
N150	M00	
N160	T0202	切断刀（刀宽 3 mm），倒角及切断
N170	M03 S600	
N180	G00 X25 Z－9	
N190	G01 X20 Z－9 F30	
N200	G01 X24 Z－9 F30	
N210	G01 X24 Z－8.465 F30	
N220	G01 X20 Z－9 F30	
N230	G01 X15 Z－9 F30	

续表

N240	G00 X100	
N250	G00 Z100	
N260	T0100	
N270	M30	
主要完成者（B）:	审核者（C）:	终审者（A）:

附件 2.3

工、量具清单

工、量具名称	规格	数量	备注	工、量具名称	规格	数量	备注
组长（A）:			组员（B）:		组员（C）:		

附件 2.4

刀具安装记录

序号	刀具号	刀具类型	对刀情况
1			正确□　不正确□
2			正确□　不正确□
3			正确□　不正确□
4			正确□　不正确□
5			正确□　不正确□
6			正确□　不正确□
7			正确□　不正确□
8			正确□　不正确□
主要完成者（C）:		审核者（A）:	终审者（B）:

附件 2.5

首件零件质量检测记录表

<table>
<tr><td>工种</td><td>数控车床</td><td>单位</td><td colspan="2"></td><td>姓名</td><td></td><td>额定时间</td><td></td></tr>
<tr><td>序号</td><td>考核项目</td><td colspan="2">考核内容及要求</td><td>测量结果（A）</td><td colspan="2">测量结果（B）</td><td colspan="2">测量结果（C）</td></tr>
<tr><td>1</td><td rowspan="4">外圆</td><td>$24_{-0.03}^{0}$</td><td>IT</td><td></td><td colspan="2"></td><td colspan="2"></td></tr>
<tr><td>2</td><td>20</td><td>IT</td><td></td><td colspan="2"></td><td colspan="2"></td></tr>
<tr><td>3</td><td></td><td>IT</td><td></td><td colspan="2"></td><td colspan="2"></td></tr>
<tr><td>4</td><td></td><td>IT</td><td></td><td colspan="2"></td><td colspan="2"></td></tr>
<tr><td>5</td><td>长度</td><td>6±0.03</td><td>IT</td><td></td><td colspan="2"></td><td colspan="2"></td></tr>
<tr><td>6</td><td>内螺纹</td><td>M18×1</td><td></td><td></td><td colspan="2"></td><td colspan="2"></td></tr>
<tr><td>7</td><td>倒角</td><td>2 处</td><td></td><td></td><td colspan="2"></td><td colspan="2"></td></tr>
<tr><td>8</td><td>粗糙度</td><td>$Ra1.6$</td><td></td><td></td><td colspan="2"></td><td colspan="2"></td></tr>
<tr><td></td><td></td><td></td><td></td><td></td><td colspan="2"></td><td colspan="2"></td></tr>
<tr><td colspan="9">零件质量：合格□　　不合格□</td></tr>
<tr><td colspan="9">主要质量问题：</td></tr>
<tr><td colspan="9">出现问题的原因分析：</td></tr>
<tr><td colspan="9">问题的解决方法：</td></tr>
<tr><td colspan="9">主要完成者（A）：　　辅助者（B）：　　辅助者（C）：</td></tr>
</table>

附件 2.6

第二件零件质量检测记录表

工种	数控车床	单位		姓名		额定时间	

序号	考核项目	考核内容及要求		测量结果（A）	测量结果（B）	测量结果（C）
1	外圆	$24_{-0.03}^{0}$	IT			
2		20	IT			
3			IT			
4			IT			
5	长度	6±0.03	IT			
6	内螺纹	M18×1				
7	倒角	2处				
8	粗糙度	*Ra*1.6				

零件质量：合格□　　不合格□

主要质量问题：

出现问题的原因分析：

问题的解决方法：

主要完成者（B）：　　辅助者（C）：　　辅助者（A）：

附件 2.7

第三件零件质量检测记录表

工种	数控车床	单位		姓名		额定时间
序号	考核项目	考核内容及要求		测量结果（A）	测量结果（B）	测量结果（C）
1	外圆	$24_{-0.03}^{0}$	IT			
2		20	IT			
3			IT			
4			IT			
5	长度	6±0.03	IT			
6	内螺纹	M18×1				
7	倒角	2处				
8	粗糙度	*Ra*1.6				
					零件质量：合格□	不合格□
零件加工小结：						
主要完成者（C）：			辅助者（A）：		辅助者（B）：	

附件 2.8

开机前检查事项

1. 接通电源前

（1）应检查工、量、刀具等是否齐全、完好无损，并摆放整齐。

（2）应检查刀架、夹头、尾座等的安全情况。

（3）检查润滑油箱油量是否充足，以及油有无被污染。

（4）检查导轨、刀架等的清洁状况，不干净时，要用抹布擦拭干净。

（5）清洁机床本体。

2. 接通电源后

（1）检查冷却泵运转情况，管道有无堵塞。

（2）检查液压泵运转情况。

（3）在导轨等处添加润滑油。

（4）低速运转主轴，左右移动刀架及换换刀，观察主轴、刀架或数控系统有无异常。

附件 2.9

按“6S”进行整理操作要求

操作步骤		完成状况
整理	1. 整理工作台内的物品	
	2. 整理模具工作台的物品	
	3. 检查机床工具盒内工具是否完全	
	4. 把不用的或垃圾扔掉	
整顿	1. 将机床工具盒内工具摆放整齐	
	2. 机床工具盒是否按位置摆放	
	3. 机床边上的工作台是否摆放整齐	
清扫	1. 清扫地板	
	2. 清扫工具盒	
	3. 清扫工作台	
	4. 清扫机床外表面	
	5. 清扫机床内部	
清洁	1. 检查机床是否有漏油	
	2. 保持工作场地的清洁	
素养	1. 在工场要求的着装是否做到	
	2. 每组的组员有否串岗	
安全	1. 打扫过程中各组员是否安全	
	2. 打扫过程中机床是否损坏	
	3. 机床是否正常启动	
	4. 机床急停按钮是否工作正常	
	5. 是否存在安全隐患	

附件 2.10

学习资料

2.10.1 如何建立工件坐标系及计算坐标值?

1. 机床坐标系

在数控机床上，机床的动作是由数控装置来控制的，为了确定数控机床上的成形运动和辅助运动，必须先确定机床上运动的位移和运动的方向，这就需要通过坐标系来实现，这个坐标系被称之为机床坐标系，如图 2.2 所示。

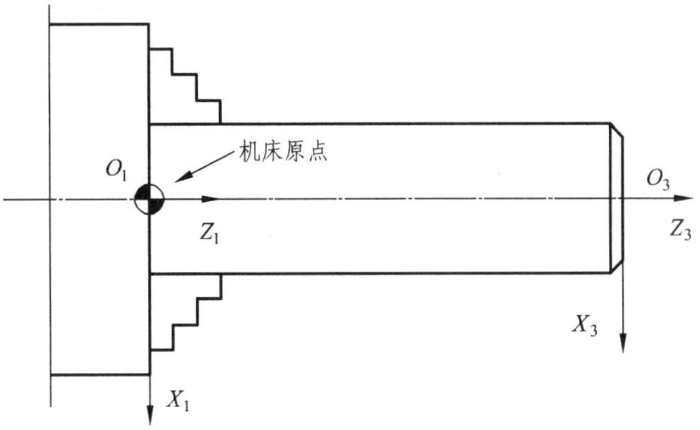

图 2.2 数控车床坐标系

在数控车床上，机床原点（机床坐标系）一般取在卡盘端面与主轴中心线的交点处。使用 X 轴，Z 轴组成的直角坐标系进行定位和插补运动。由于教学上常用数控车床为前刀座设计，在以后各学习任务的图示和例子中，用前刀座来说明编程的应用。

X 轴为水平面的前后方向，向工件靠近的方向为负方向，离开工件的方向为正方向。

Z 轴为水平面的左右方向，向工件靠近的方向为负方向，离开工件的方向为正方向。

2. 工件坐标系

选择工件上某一固定点为坐标系原点，如以工件右端面的中心点为原点，建立一个新的坐标系，就称之为工件坐标系，如图 2.3 所示。

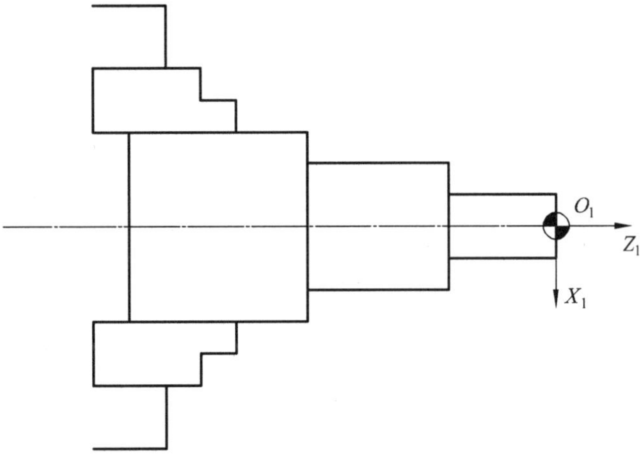

图 2.3 工件坐标系

3. 绝对坐标系

在工件坐标系中，若相对坐标系的原点，给出零件轮廓各点位置的距离，方向由坐标系符号指定，这个坐标系称为绝对坐标系。

4. 相对坐标系

在工件坐标系中，若坐标点的位置由前一个位置算起，坐标增量值表示距离，运动方向由符号指定，其中用 U 表示 X 方向的增量值，W 表示 Z 方向的增量值，称为相对（增量）坐标系。

5. 坐标值计算

（1）计算如图 2.4 所示节点的坐标值。

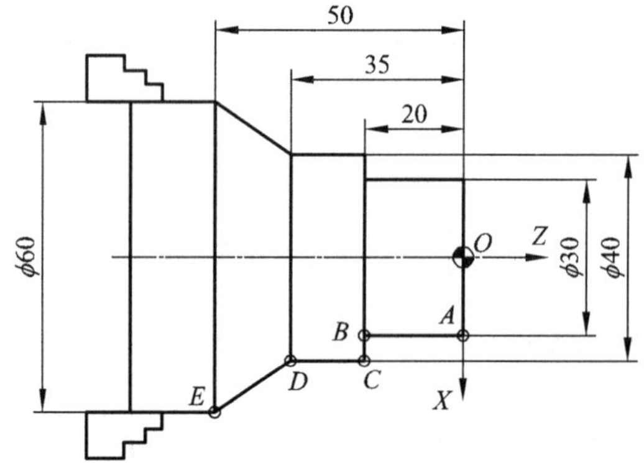

图 2.4

计算结果如下：

节点	绝对坐标		相对坐标	
	X	Z	U	W
O	0	0	—	—
A	30	0	30	0
B	30	−20	0	−20
C	40	−20	10	0
D	40	−35	0	−15
E	60	−50	20	−15

（2）计算如图 2.5 所示节点的坐标值。

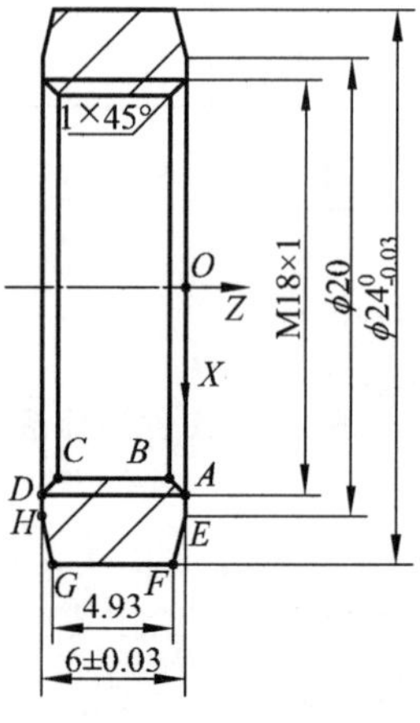

图 2.5

计算结果如下：

节 点	绝对坐标		相对坐标	
	X	*Z*	*U*	*W*
O	0	0	—	—
A	18.7	0	18.7	0
B	16.7	− 1	− 2	− 1
C	16.7	− 5	0	− 4
D	18.7	− 6	2	− 1
E	20	0	1.3	6
F	24	− 0.535	4	− 0.535
G	24	− 5.465	0	− 4.93
H	20	− 6	− 4	− 0.535

2.10.2　如何正确使用游标卡尺?

常见有测量范围为 0 ~ 125 mm 和 0 ~ 150 mm 的两种游标卡尺，制成带有刀口形的内/外量爪和带有深度尺的型式，如图 2.6 所示。

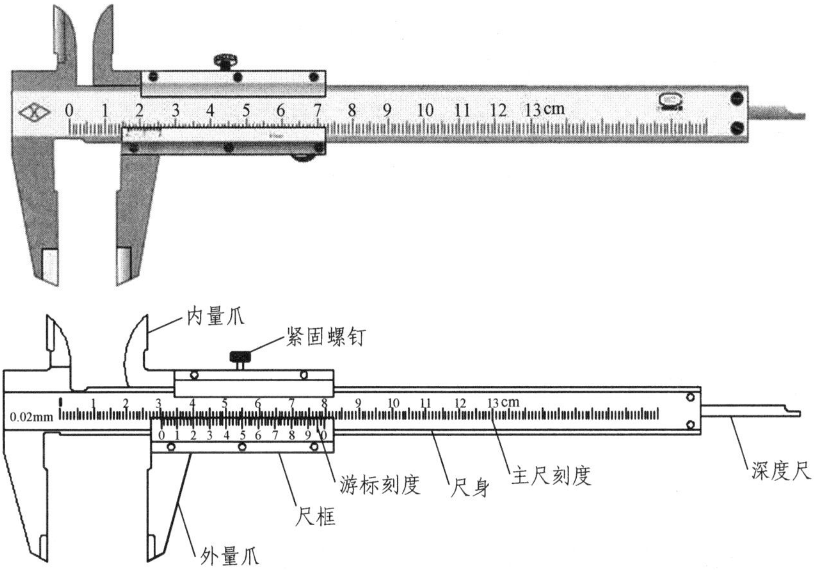

图 2.6　游标卡尺的结构

游标卡尺是一种中等精度的常用量具，是利用主尺与游标相互配合，进行测量和读数的量具。其结构简单，操作方便，维护保养容易，可以用它来测量零件的外径、内径、长度、宽度、厚度、深度和孔距等，测量的尺寸范围大，在机械加工中广泛应用。图 2.7 所示为用游标卡尺测量工件尺寸的方法。图 2.8 所示车工中用游标卡尺测量尺寸的方法。

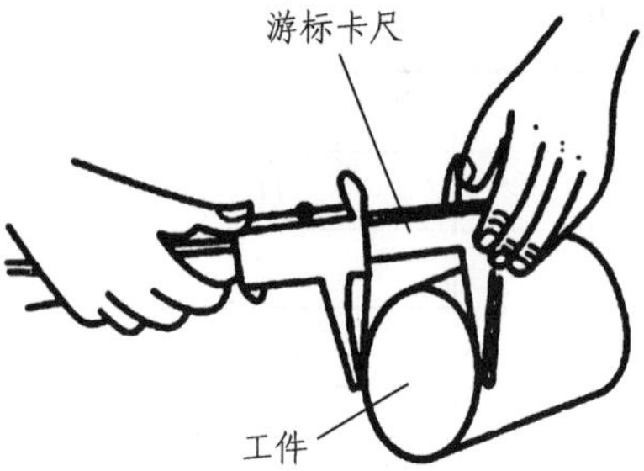

（a）测量外径

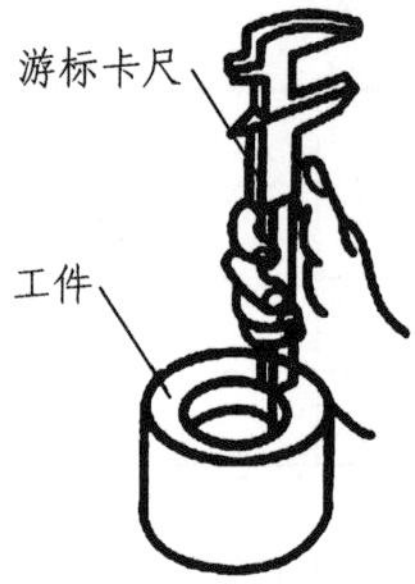

（b）测量内孔深度

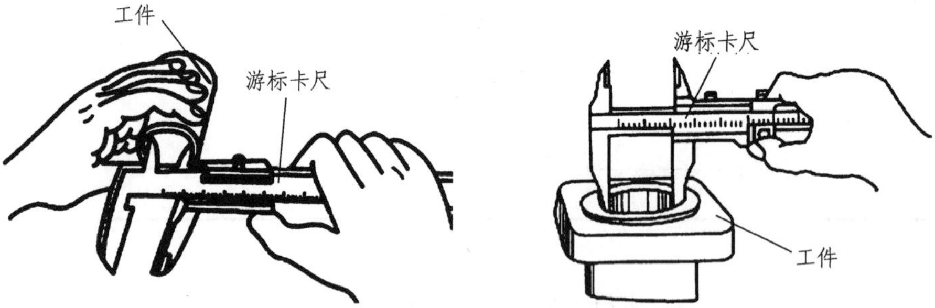

（c）测量内径

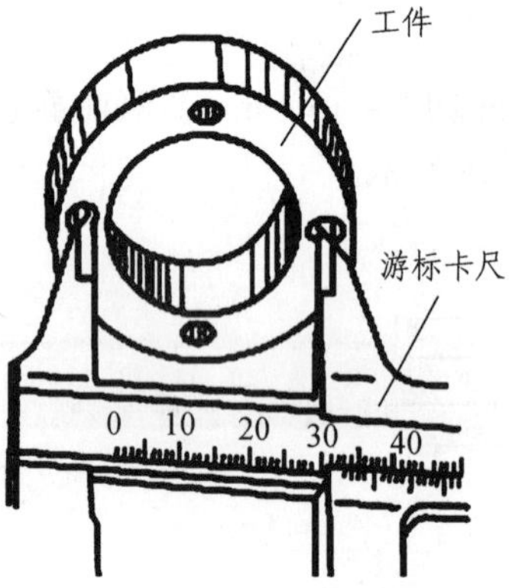

（d）测量两孔间的距离

图 2.7　用游标卡尺测量尺寸的方法

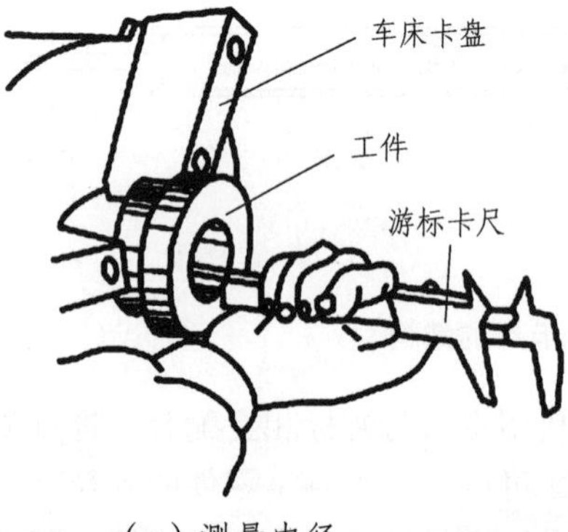

（a）测量内径

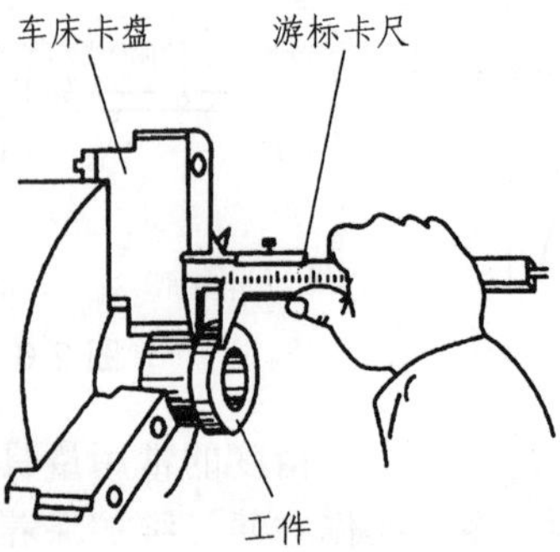

（b）测量长度

图 2.8　车工中用游标卡尺测量尺寸的方法

2.10.3　数控程序由哪三大部分组成?

```
O0008                      ——→程序号
N10   G50 X100 Z100  ┐
N20   S02 M03 T0202  │
N30   G00 X50 Z60    ├ 程序内容
N40   G90 X30 Z30 F120│
  ⋮                  ┘
N230   M30                 ——→程序结束
```

2.10.4　如何把刀具安装到数控车床的刀架上?

与普通车床刀架不同，安装在数控车床刀架滑板上的转塔刀架不能随意转动，刀具刀尖高度一般要从车床某一基准点上测量和调整，导轨端面是较理想的基准点之一，通过测量和调整，通常可以把刀尖高度数值记录下来，这一高度等于主轴的中心高度。查找数控车床使用说明书确定主轴中心高度为______mm。装刀方法如图 2.9、图 2.10、图 2.11 所示。

图 2.9　安装 90°外圆车刀

图 2.10　安装切断刀

图 2.11　安装内螺纹刀

问题解答 2.10.5 如何进行对刀？

1. 外圆刀对刀

步骤（广州数控系统）：录入方式→程序→翻页→程序段值界面→输入 T0100→循环启动→手动方式→主轴正转→用外圆刀切端面→垂直退刀（见图 2.12）→刀补→把光标移到 001 刀补号处→输入 Z0→用外圆刀切外圆→水平退刀（见图 2.13）→主轴停转→测量已切外圆直径（测量值 *a*）→把光标移到 001 刀补号处→输入 *Xa*（试切直径设为 *a*）。

步骤（华中数控系统）：MDI 方式→输入 T0100→循环启动→手动方式→主轴正转→用外圆刀切端面→垂直退刀（见图 2.12）→刀具补偿→刀偏表→把光标移到 0001 刀补号处→在试切长度处输入 0→用外圆刀切外圆→水平退刀（见图 2.13）→主轴停转→测量已切外圆直径（测量值 *a*）→把光标移到 0001 刀补号处→在试切直径处输入 *a*（试切直径设为 *a*）。

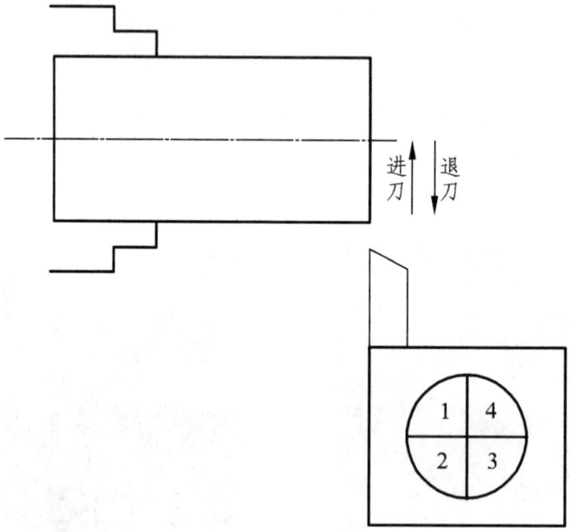

图 2.12

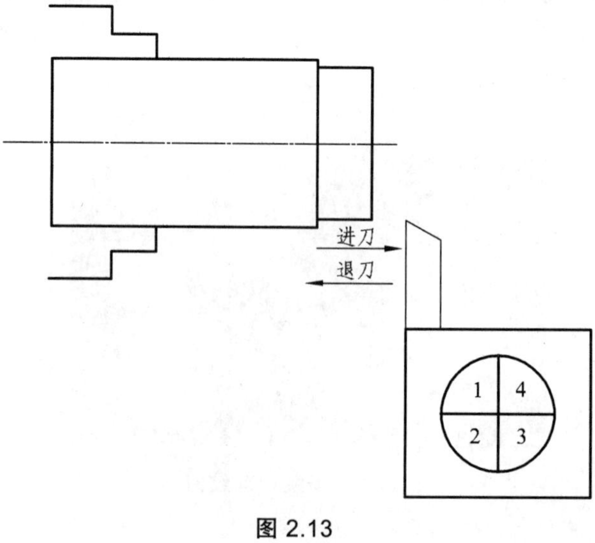

图 2.13

2. 切断刀对刀

步骤（广州数控系统）：录入方式→程序→翻页→程序段值界面→输入 T0200→循环启动→手动方式→主轴正转→用切断刀的左边轻碰端面（见图 2.14）→刀补→把光标移到 002 刀补号处→输入 *Z*0→用切断刀切外圆→水平退刀（见图 2.15）→主轴停转→测量已切外圆直径（测量值 *b*）→把光标移到 001 刀补号处→输入 *Xb*（试切直径设为 *b*）。

步骤（华中数控系统）：MDI 方式→输入 T0200→循环启动→手动方式→主轴正转→用切断刀的左边轻碰端面（见图 2.14）→刀具补偿→刀偏表→把光标移到 0002 刀补号处→在试切长度处输入 0→用切断刀切外圆→水平退刀（见图 2.15）→主轴停转→测量已切外圆直径（测量值 *b*）→把光标移到 00012 刀补号处→在试切直径处输入 *b*（试切直径设为 *b*）。

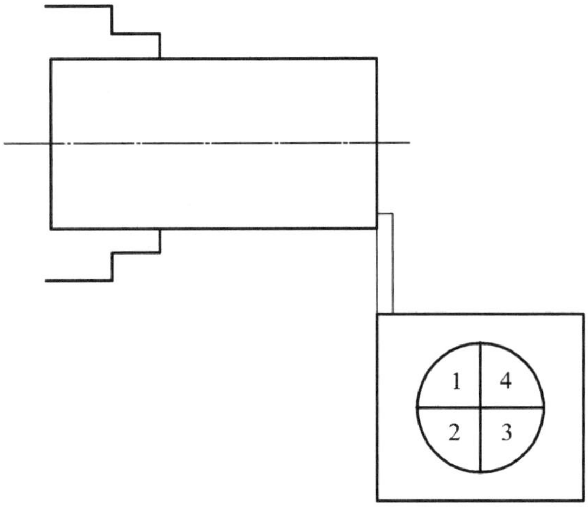

图 2.14

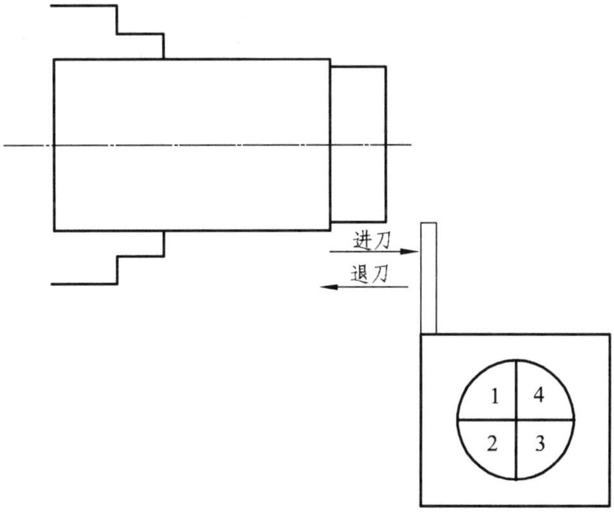

图 2.15

3. 内孔镗刀对刀

步骤（广州数控系统）：录入方式→程序→翻页→程序段值界面→输入 T0300→循环启动→手动方式→主轴正转→用内孔镗刀轻碰工件右端面（见图 2.16）→刀补→把光标移到 003 刀补号处→输入 *Z*0→用内孔镗刀切内孔→水平退刀（见图 2.17）→主轴停转→测量内孔直径（测量值 *c*）→把光标移到 003 刀补号处→输入 *Xc*（试切直径设为 *c*）。

步骤（华中数控系统）：MDI 方式→输入 T0300→循环启动→手动方式→主轴正转→用内孔镗刀轻碰工件右端面（见图 2.16）→刀具补偿→刀偏表→把光标移到 0003 刀补号处→在试切长度处输入 0→用内孔镗刀切内孔→水平退刀（见图 2.17）→主轴停转→测量内孔直径（测量值 *c*）→把光标移到 0003 刀补号处→在试切直径处输入 *c*（试切直径设为 *c*）。

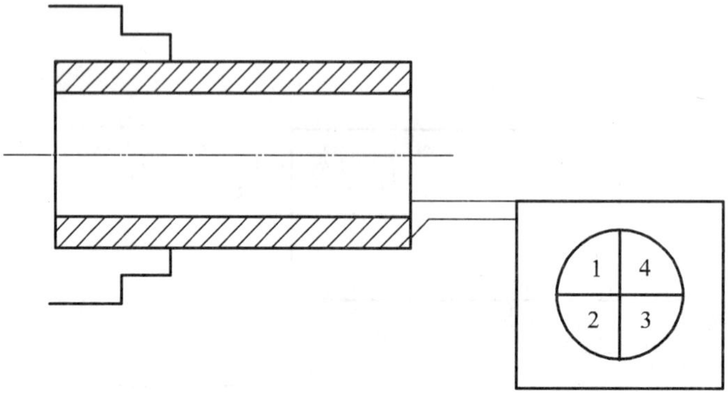

图 2.16

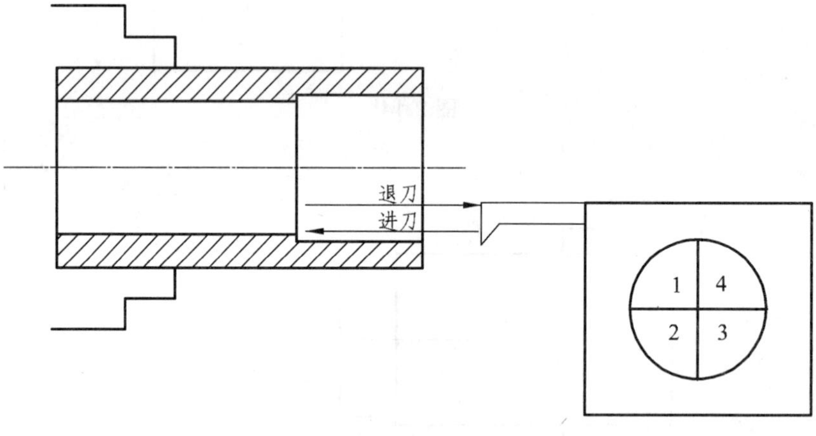

图 2.17

4. 内螺纹刀对刀

步骤（广州数控系统）：录入方式→程序→翻页→程序段值界面→输入 T0400→循环启动→手动方式→主轴正转→用内螺纹刀轻碰工件右端面（见图 2.18）→刀补→把光标移到 004 刀补号处→输入 *Z*0→用内螺纹刀切内孔→水平退刀（见图 2.19）→主轴停转→测量内孔直径（测量值 *d*）→把光标移到 004 刀补号处→输入 *Xd*（试切直径设为 *d*）。

步骤（华中数控系统）：MDI 方式→输入 T0400→循环启动→手动方式→主轴正转→用

内螺纹刀轻碰工件右端面（见图 2.18）→刀具补偿→刀偏表→把光标移到 0004 刀补号处→在试切长度处输入 0→用内螺纹刀切内孔→水平退刀（见图 2.19）→主轴停转→测量内孔直径（测量值 d）→把光标移到 0004 刀补号处→在试切直径处输入 d（试切直径设为 d）。

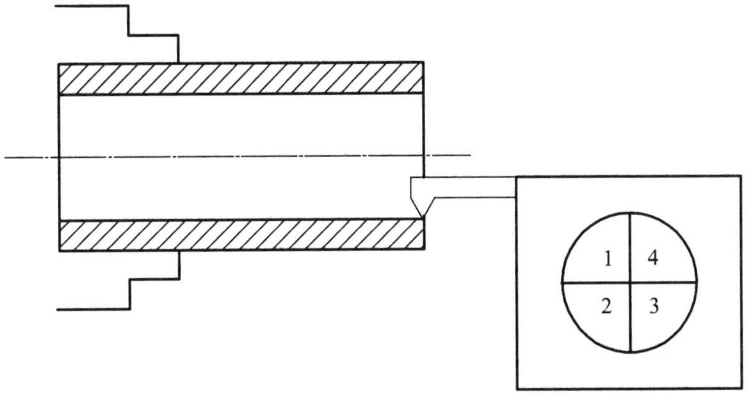

图 2.18

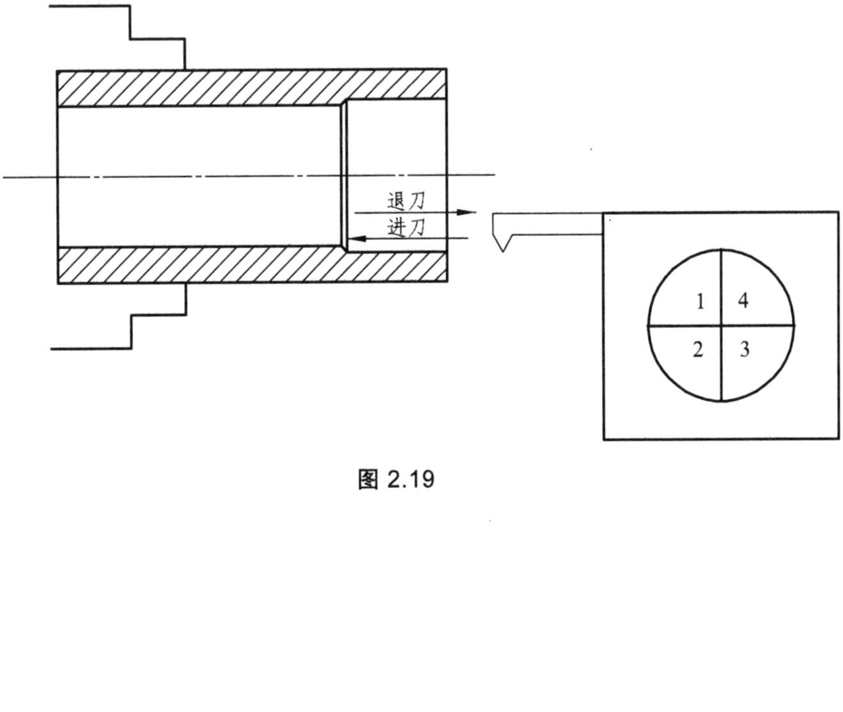

图 2.19

学习任务3　垫圈螺母零件加工

组别：________　组长（A）：________　组员（B）：________　组员（C）：________

任务描述

垫圈螺母零件在内部加有垫圈，起密封的作用，垫圈螺母零件加工主要由内孔加工、内螺纹加工及外形加工组成，加工的难点是内孔及内螺纹的加工，具体的加工要求如图 3.1 所示。

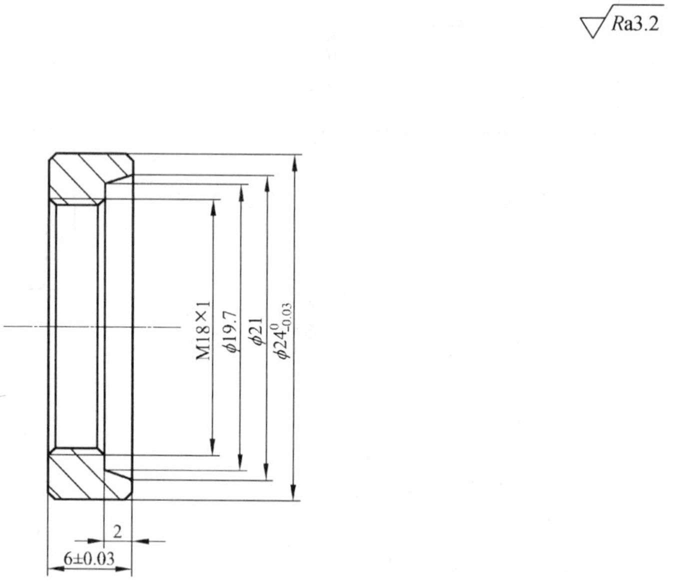

考核要求：
1.不准用砂布及锉刀等修饰表面。
2.未倒角0.5×45°，锐角倒钝0.2×15°。
3.未标注公差尺寸按IT12。

垫圈螺母		图　号	SKCA
		共　页	第　页
比例		××职业学院	
数量			

图 3.1

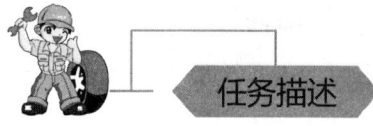

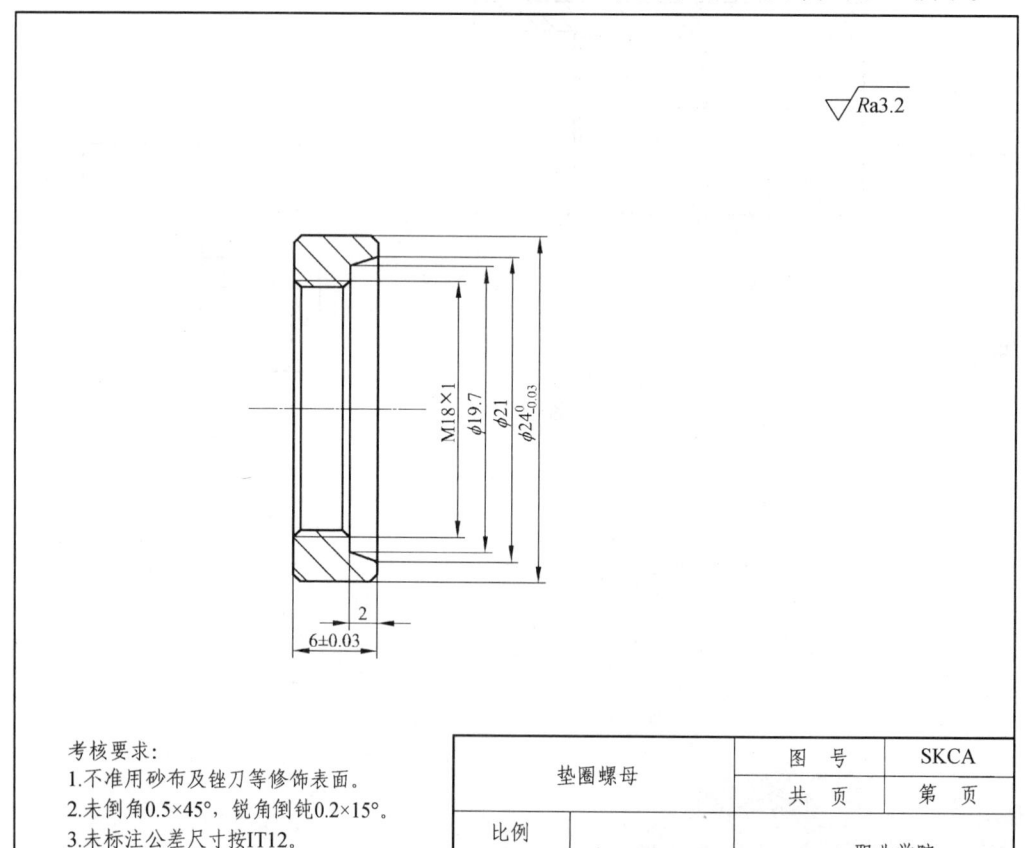

学习目标

（1）能叙述 G00、G01、G90 指令的格式及功能。
（2）能叙述 G32、G92、G76 指令的格式及功能。
（3）能应用螺纹计算公式进行螺纹小径、总切削量等计算。
（4）能叙述钻孔步骤并钻孔。
（5）能正确进行工件的安装及对刀。
（6）能在教师的指导下安全规范操作数控车床完成零件的加工及检测。

任务结构

垫圈螺母零件加工

- 一、明确任务
- 二、模拟加工
  - （1）可行性分析
    - ①分许工作任务的主要加工内容。
    - ②选择加工备料方案，并说明所选择备料方案的优缺点。
    - ③设计零件加工时的装夹方案，并画出装夹简图。
    - ④选择装夹时所用的夹具。
    - ⑤选择加工时所用的刀量具，并说明理由，同时填写刀具、工具清单。
    - ⑥选择加工时所用的量具，并说明理由，同时填写量具清单。
    - ⑦计算螺纹的小径及加工时的合理主轴转速。
    - ⑧查阅资料，解决编写加工程序困难。
  - （2）安排加工工艺，填写加工工艺卡。
  - （3）编写加工程序，填写加工程序单。
  - （4）零件仿真加工。
- 三、真实加工
  - （1）按刀具、工具清单，量具清单领取刀具、工具、量具。
  - （2）开机前检查。
  - （3）程序录入。
  - （4）程序校验。
  - （5）刀具安装及对刀。
  - （6）首件零件加工、检零件质量，如有质量问题，进行质量分析，提出解决问题的方法。
  - （7）结合首件零件加工的情况，如有质量问题，改进加工方法，进行第二件零件加工，检测零件质量，如仍有质量问题，继续进行质量分析，提出解决问题的方法。
  - （8）结合前两件零件加工的情况，进行第三件零件加工，检测零件质量，对本次零件加工进行总结，设计批量生产的加工方案。
  - （9）按“6S”要求进行整理。
- 四、评价反馈

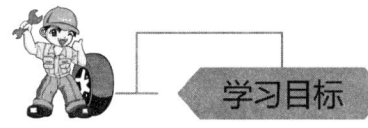

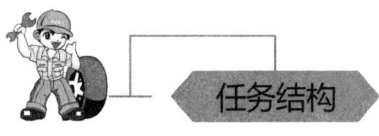

一、明确任务

了解零件的功能及使用价值，分析工作任务的主要加工内容，清楚完成任务所需的知识，明确完成任务的流程。

二、模拟加工

（1）可行性分析。

认真阅读图纸，深入思考、仔细分析解决以下问题，并确定能否完成此任务，并在教师的指导下完成以下内容的填写。

① 零件的主要加工内容有哪些？

序号	加　工　内　容
1	
2	
3	
4	
5	
6	
7	
8	
9	
10	

② 零件加工流程是怎样的？

________→________→________→________→________→________→________→________→________→________→________→________

③ 选择什么样的夹具，并说明选择理由。（可多选）

A. 普通三爪卡盘（　　）　　B. 普通四爪卡盘（　　）

C. 可实现自动送料的液压卡盘（　　）　　D. 其他夹具（　　）

④ 选择什么样的备料方案，并说明理由。

A. $\phi 25\times 35$（　　）　　B. $\phi 20.5\times 35$（　　）

C. $\phi 25\times 500$（　　）　　D. $\phi 20.5\times 500$（　　）

E. 自定义材料尺寸（　　）

⑤ 设计零件加工装夹方案，并画出装夹简图。

装 夹 方 案 简 图

⑥ 选择所要使用的刀具、工具，并说明每种刀具、工具的用途，并填写工、量具清单附件 3.3。

A. 外圆车刀（　　）	B. 内孔镗刀（　　）	C. 成形圆弧刀（　　）
	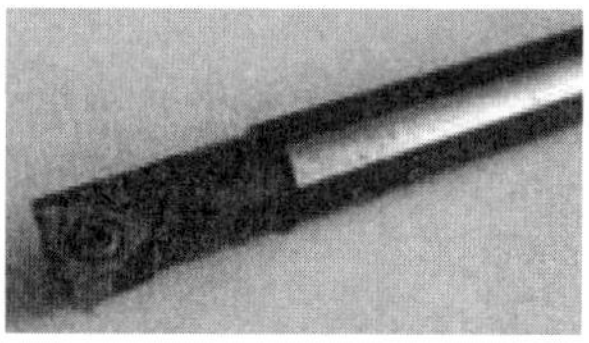	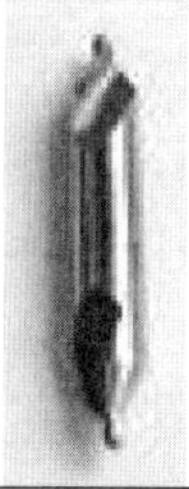
D. 外圆切槽刀（　　）	E. 内孔螺纹刀（　　）	F. 中心钻（　　）
	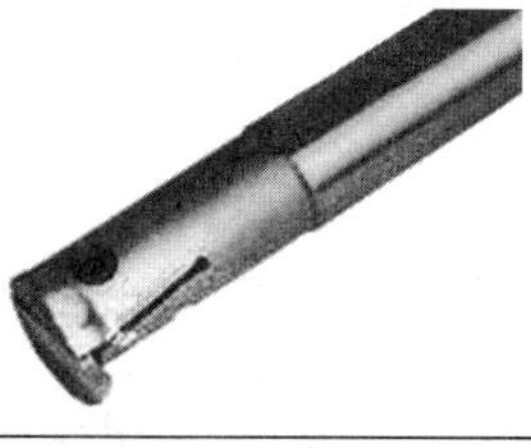	
G. 内孔镗刀（　　）	H. 内孔切槽刀（　　）	I. 麻花钻头（　　）

⑦ 确定所要使用的量具，并说明每种量具的用途，并填写工、量具清单，见附件 3.3。

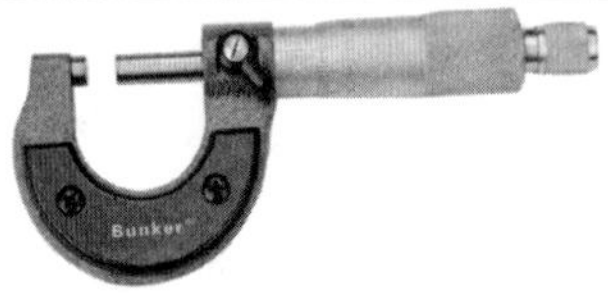	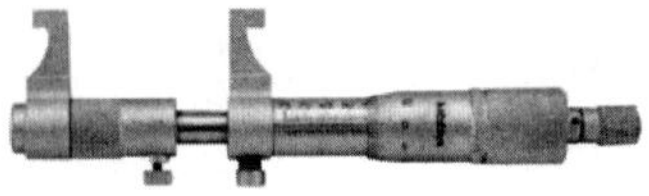	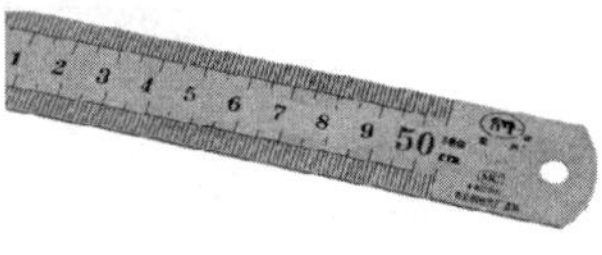
A. 外径千分尺（　　）	B. 内径千分尺（　　）	C. 钢直尺（　　）

D. 游标卡尺（　　）	E. 圆弧半径样规（　　）	F. 万能角度尺（　　）

G. 螺纹中径千分尺（　　）	H. 螺纹环规（　　）	I. 螺纹塞规（　　）

⑧计算内螺纹 M20 × 2 的小径 $D1 =$ ______________ 及加工内螺纹时比较合理的主轴转速 $S =$ ____________________。

（2）填写加工艺卡，见附件 3.1。

（3）填写加工程序单，见附件 3.2。程序指令介绍见附件 3.9“学习资料”。

（4）零件仿真加工。

三、真实加工

工作过程记录表

项目／工作内容：序号	内容	工作要求	分工情况（签名确认）
1	填写工、量具清单（见附件 3.3）	根据加工内容，讨论、确定完成加工要用的工、量具，并填写工、量具清单	组长（A）: 组员（B）: 组员（C）:

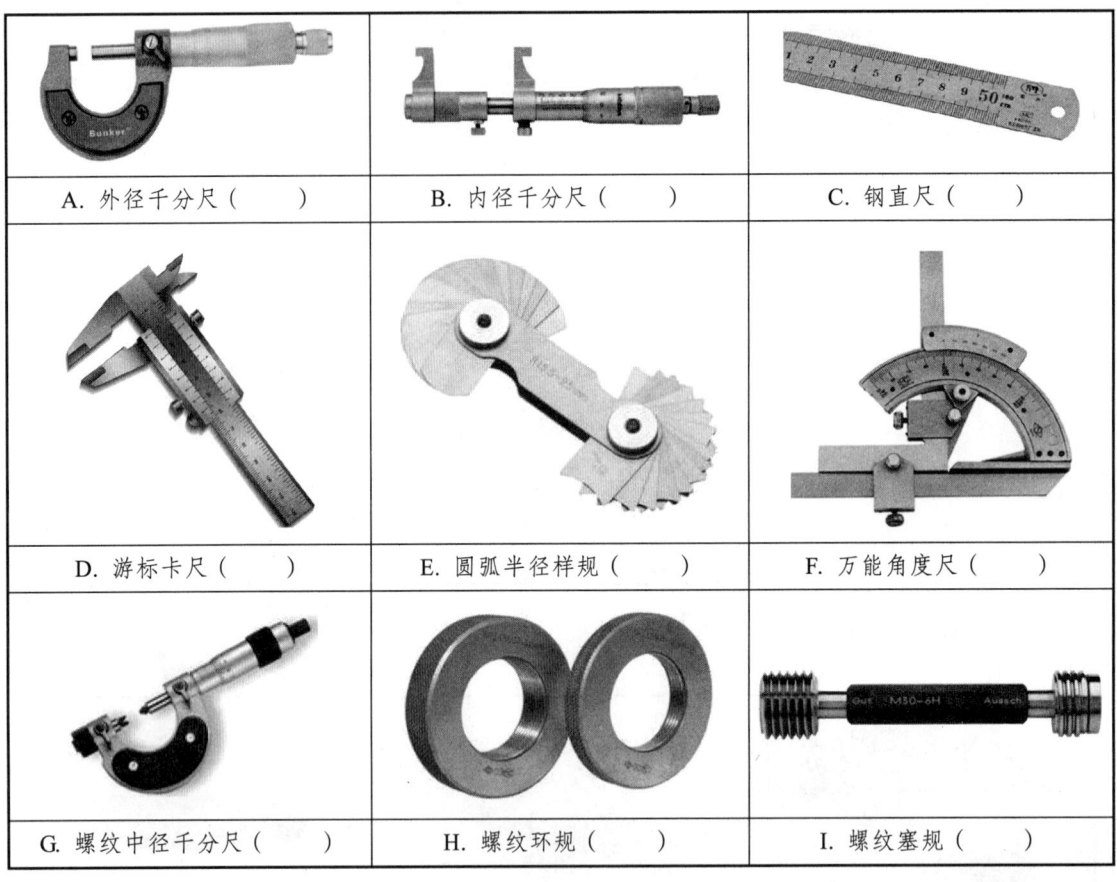

续表

序号	内　容	工作要求	分工情况（签名确认）
2	领取工、量具	根据填写的工、量具清单，领取工、量具	组长（A）: 组员（B）: 组员（C）:
3	开机前检查	根据附件2.8的要求进行开机前检查	组长（A）: 组员（B）: 组员（C）:
4	程序录入	把编写好的程序录入到操作系统中，并进行核对是否有录入错误	主要完成者（B）: 审核者（C）: 终审者（A）:
5	程序校验	对录入完毕的程序进行校验，通过对仿真图的观察判断程序对错，如发现错误及时进行修改，直到程序能达到加工要求，并进行核对	主要完成者（C）: 审核者（A）: 终审者（B）:
6	刀具安装及对刀，填写刀具安装记录表（见附件3.4）	根据加工需求安装刀具，进行对刀填写刀具安装记录表	主要完成者（A）: 审核者（B）: 终审者（C）:
7	首件零件加工	控制机床完成首件零件加工，尽量使零件达到质量要求	主要完成者（B）: 辅助者（C）: 辅助者（A）:
8	首件零件质量检测，填写质量检测记录表（见附件3.5）	思考问题：如何检测内螺纹？ 同组三位同学分别对首件零件进行检测，判断零件是否合格，如不合格，找出质量问题，进行质量问题的原因分析，并提出质量问题的解决方法，填写质量检测记录表	主要完成者（B）: 复检者（C）: 终检者（A）:
9	第二件零件加工	结合首件加工的情况，如有质量问题，提出解决问题的方法，控制机床完成第二件零件加工，使零件达到质量要求	主要完成者（C）: 复检者（A）: 终检者（B）:
10	第二件零件质量检测，填写质量检测记录表（见附件3.6）	同组三位同学分别对第二件零件进行检测，判断零件是否合格，如不合格，找出质量问题，进行质量问题的原因分析，并提出质量问题的解决方法，填写质量检测记录表	主要完成者（C）: 复检者（A）: 终检者（B）:
11	第三件零件加工	结合前两件加工的情况，如仍有质量问题，继续提出问题的解决方法，控制机床完成第三件零件加工，使零件达到质量要求	主要完成者（A）: 复检者（B）: 终检者（C）:
12	第三件零件质量检测，填写质量检测记录表（见附件3.7）	同组三位同学分别对第三件零件进行检测，判断零件是否合格，对本次零件加工进行总结，体会批量生产的加工特点，设计批量生产加工方案，填写质量检测记录表	主要完成者（A）: 复检者（B）: 终检者（C）:
13	按“6S”要求进行整理	按“6S”要求进行整理，并在附件3.8内对已完成的项目打“√”	组长（A）: 组员（B）: 组员（C）:

四、评价反馈

学习任务“垫圈螺母零件加工”评价表

评价项目	比重%	组长（A）	组员（B）	组员（C）
出勤情况	5	全勤□　缺席□	全勤□　缺席□	全勤□　缺席□
着装情况	5	按要求穿着□ 不按要求穿着□	按要求穿着□ 不按要求穿着□	按要求穿着□ 不按要求穿着□
设备使用安全情况	5	规范操作□ 违规操作□	规范操作□ 违规操作□	规范操作□ 违规操作□
工、量具摆放情况	5	按规定摆放□ 未按规定摆放□	按规定摆放□ 未按规定摆放□	按规定摆放□ 未按规定摆放□
机床保养情况	5	有保养机床□ 没有保养机床□	有保养机床□ 没有保养机床□	有保养机床□ 没有保养机床□
工、量具保养情况	5	有保养工、量具□ 没有保养工、量具□	有保养工、量具□ 没有保养工、量具□	有保养工、量具□ 没有保养工、量具□
工作页的填写	10			
沟通与合作	5			
解决问题能力	10			
零件质量	45			
成　绩	100			

总体评价（学习进步方面、今后努力方向）：

教师签名：________　　　　______年______月______日

学习附件

附件 3.1

垫圈螺母零件加工工艺卡

零件名称	垫圈螺母	零件图号	Sc02	车　间	数控车床车间
工　种	数控车工	材　料	铝合金	设　备	广州数控 华中数控
耗　材	ϕ25×10（每件）		件　数	3 件	

零件示意图

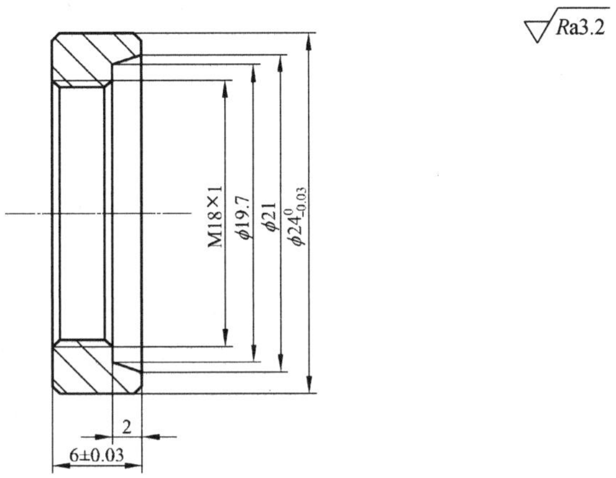

考核要求：
1.不准用砂布及锉刀等修饰表面。
2.未倒角0.5×45°，锐角倒钝0.2×15°。
3.未标注公差尺寸按IT12。

垫圈螺母		图　号	SKCA
		共　页	第　页
比例		××职业学院	
数量			

序号	加　工　工　艺	刀具号	刀具类型	主轴转速（r/min）	进给速度（mm/min）	切削深度（mm）	备注
1	装夹毛坯材料，伸出适当长度	—	—	—	—	—	
2	用外圆刀切端面	T0101	外圆刀	800	手动	约 0.5 mm	
3	用中心钻打中心孔	—	中心钻	1 000	手动	约 5 mm	
4	用 ϕ15 麻花钻钻孔	—	麻花钻	500	手动	约 16 mm	
5	用内孔镗刀加工锥孔及螺纹孔	T0303	内孔镗刀	粗 800 精 1 500	粗 100 精 80	粗 0.5 粗 0.2	
6	用内螺纹刀加工内螺纹	T0404	内螺纹刀	1 000			
7	用外圆刀加工外形	T0101	外圆刀	粗 1 000 精 1 500	粗 100 精 80	粗 1 粗 0.4	
8	用切断刀切断工件， 保证长度尺寸	T0202	切断刀	600	30	切断刀刀宽值	
9	调头手动倒角	–	–	–	–	–	
10							
主要完成者（B）:			审核者（C）:			终审者（A）:	

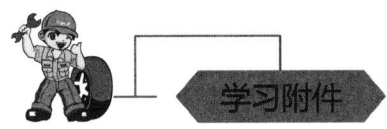

附件 3.2

垫圈螺母零件加工程序单

一、基于广州数控系统编程

O3001（内孔及内螺纹加工）		程序名
N10	T0303	内孔镗刀
N20	G00 X100 Z100	
N30	M03 S800	粗加工主轴转速（粗加工内螺纹孔及锥孔）
N40	G00 X14.5 Z2	
N50	G90 X15.5 Z－8 F100	
N60	G90 X16 Z－8 F100	
N70	G90 X16.5 Z－8 F100	
N80	G90 X17 Z－2 F100	
N90	G90 X17.5 Z－2F100	
N100	G90 X18Z－2 F100	
N110	G90 X18.5 Z－2 F100	
N120	G90 X19 Z－2 F100	
N130	G90 X19.5 Z－2F100	
N140	M05	
N150	M03 S1500	精加工主轴转速（精加工内螺纹孔和锥孔及倒角）
N160	T0303	
N170	G00 X21 Z2	
N180	G00 X21 Z2 F50	
N190	G00 X19.7Z－2 F50	
N200	G01 X17.7 Z－2 F50	
N210	G01 X16.7 Z－2.5 F50	
N220	G01 X16.7 Z－8 F80	
N230	G00 X16	
N240	G00 Z100	
N250	M05	
N260	M00	
N270	G00 X100 Z100	
N280	T0404	内螺纹刀
N290	M03 S1000	

续表

N300	G00 X16.5 Z4	
N310	G92 X17.2 Z－7 F1	
N320	G92 X17.5 Z－7 F1	
N330	G92 X17.7 Z－7 F1	
N340	G92 X17.9 Z－7 F1	
N350	G92 X18 Z－7 F1	
N360	G92 X18 Z－7 F1	
N370	G00 X100 Z100	
N380	M05	
N390	M30	
O3002（外形加工及切断）		
N10	T0101	外圆刀
N20	M03 S1000	粗加工主轴转速（粗加工ϕ24 外圆）
N30	G00 X26 Z2	
N40	G90 X24.5 Z－9 F100	
N50	G90 X24.2 Z－9 F100	
N60	M05	
N70	T0101	
N80	M03 S1500	精加工主轴转速（精加工ϕ24 外圆及倒角）
N90	G00 X23 Z2	
N100	G01 X23 Z0 F50	
N110	G01 X24 Z－0.5 F50	
N120	G01 X24 Z－9 F80	
N130	G00 X100 Z100	
N140	M05	
N150	M00	
N160	T0202	切断刀（刀宽 3 mm），倒角及切断
N170	M03 S600	
N180	G00 X25 Z－9	
N190	G01 X20 Z－9 F30	
N200	G01 X24 Z－9 F30	
N210	G01 X24 Z－8.5F30	
N220	G01 X23 Z－9 F30	
N230	G01 X15 Z－9 F30	

续表

N240	G00 X100	
N250	G00 Z100	
N260	T0100	
N270	M30	
主要完成者（C）:	审核者（A）:	终审者（B）:

二、基于华中数控系统编程

O3001（内孔及内螺纹加工）		程序名
N10	T0303	内孔镗刀
N20	G00 X100 Z100	
N30	M03 S800	粗加工主轴转速（粗加工内螺纹孔及锥孔）
N40	G00 X14.5 Z2	
N50	G80 X15.5 Z－8 F100	
N60	G80 X16 Z－8 F100	
N70	G80 X16.5 Z－8 F100	
N80	G80 X17 Z－2 F100	
N90	G80 X17.5 Z－2F100	
N100	G80 X18Z－2 F100	
N110	G80 X18.5 Z－2 F100	
N120	G80 X19 Z－2 F100	
N130	G80 X19.5 Z－2F100	
N140	M05	
N150	M03 S1500	精加工主轴转速（精加工内螺纹孔和锥孔及倒角）
N160	T0303	
N170	G00 X21 Z2	
N180	G00 X21 Z2 F50	
N190	G00 X19.7Z－2 F50	

续表

N200	G01 X17.7 Z－2 F50	
N210	G01 X16.7 Z－2.5 F50	
N220	G01 X16.7 Z－8 F80	
N230	G00 X16	
N240	G00 Z100	
N250	M05	
N260	M00	
N270	G00 X100 Z100	
N280	T0404	内螺纹刀
N290	M03 S1000	
N300	G00 X16.5 Z4	
N310	G82 X17.2 Z－7 F1	
N320	G82 X17.5 Z－7 F1	
N330	G82 X17.7 Z－7 F1	
N340	G82 X17.9 Z－7 F1	
N350	G82 X18 Z－7 F1	
N360	G82 X18 Z－7 F1	
N370	G00 X100 Z100	
N380	M05	
N390	M30	
O3002（外形加工及切断）		
N10	T0101	外圆刀
N20	M03 S1000	粗加工主轴转速（粗加工ϕ24 外圆）
N30	G00 X26 Z2	
N40	G80 X24.5 Z－9 F100	
N50	G80 X24.2 Z－9 F100	
N60	M05	
N70	T0101	
N80	M03 S1500	精加工主轴转速（精加工ϕ24 外圆及倒角）

续表

N90	G00 X23 Z2	
N100	G01 X23 Z0 F50	
N110	G01 X24 Z－0.5 F50	
N120	G01 X24 Z－9 F80	
N130	G00 X100 Z100	
N140	M05	
N150	M00	
N160	T0202	切断刀（刀宽 3 mm），倒角及切断
N170	M03 S600	
N180	G00 X25 Z－9	
N190	G01 X20 Z－9 F30	
N200	G01 X24 Z－9 F30	
N210	G01 X24 Z－8.5 F30	
N220	G01 X23 Z－9 F30	
N230	G01 X15 Z－9 F30	
N240	G00 X100	
N250	G00 Z100	
N260	T0100	
N270	M30	
主要完成者（C）:	审核者（A）:	终审者（B）:

附件 3.3

工、量具清单

工、量具名称	规格	数量	备注	工、量具名称	规格	数量	备注
组长（A）:			组员（B）:			组员（C）:	

附件 3.4

刀具安装记录

序号	刀具号	刀具类型	对刀情况
1			正确□　　不正确□
2			正确□　　不正确□
3			正确□　　不正确□
4			正确□　　不正确□
5			正确□　　不正确□
6			正确□　　不正确□
7			正确□　　不正确□
8			正确□　　不正确□
组长（A）:		组员（B）:	组员（C）:

附件 3.5

首件零件质量检测记录表

工种	数控车床	单位		姓名		额定时间	

序号	考核项目	考核内容及要求		测量结果（A）	测量结果（B）	测量结果（C）
1	外圆	$24_{-0.03}^{0}$	IT			
2		21	IT			
3		19.7	IT			
4			IT			
5	长度	6 ± 0.03	IT			
6	内螺纹	M18×1				
7	倒角	4 处				
8	粗糙度	*R*a1.6				

零件质量：合格□　　不合格□

主要质量问题：

出现问题的原因分析：

问题的解决方法：

主要完成者（B）：　　辅助者（C）：　　辅助者（A）：

附件 3.6

第二件零件质量检测记录表

<table>
<tr><td>工种</td><td>数控车床</td><td>单位</td><td colspan="2"></td><td>姓名</td><td></td><td>额定时间</td><td></td></tr>
<tr><td>序号</td><td>考核项目</td><td colspan="2">考核内容及要求</td><td>测量结果（A）</td><td colspan="2">测量结果（B）</td><td colspan="2">测量结果（C）</td></tr>
<tr><td>1</td><td rowspan="4">外圆</td><td>$24_{-0.03}^{0}$</td><td>IT</td><td></td><td colspan="2"></td><td colspan="2"></td></tr>
<tr><td>2</td><td>21</td><td>IT</td><td></td><td colspan="2"></td><td colspan="2"></td></tr>
<tr><td>3</td><td>19.7</td><td>IT</td><td></td><td colspan="2"></td><td colspan="2"></td></tr>
<tr><td>4</td><td></td><td>IT</td><td></td><td colspan="2"></td><td colspan="2"></td></tr>
<tr><td>5</td><td>长度</td><td>6 ± 0.03</td><td>IT</td><td></td><td colspan="2"></td><td colspan="2"></td></tr>
<tr><td>6</td><td>内螺纹</td><td>M18×1</td><td></td><td></td><td colspan="2"></td><td colspan="2"></td></tr>
<tr><td>7</td><td>倒角</td><td>4 处</td><td></td><td></td><td colspan="2"></td><td colspan="2"></td></tr>
<tr><td>8</td><td>粗糙度</td><td>$Ra1.6$</td><td></td><td></td><td colspan="2"></td><td colspan="2"></td></tr>
<tr><td colspan="9">零件质量：合格□　　不合格□</td></tr>
<tr><td colspan="9">主要质量问题：</td></tr>
<tr><td colspan="9">出现问题的原因分析：</td></tr>
<tr><td colspan="9">问题的解决方法：</td></tr>
<tr><td colspan="9">主要完成者（C）:　　　　辅助者（A）:　　　　辅助者（B）:</td></tr>
</table>

附件 3.7

第三件零件质量检测记录表

工种	数控车床	单位		姓名		额定时间	
序号	考核项目	考核内容及要求		测量结果（A）	测量结果（B）	测量结果（C）	
1	外圆	$24_{-0.03}^{\ 0}$	IT				
2		21	IT				
3		19.7	IT				
4			IT				
5	长度	6±0.03	IT				
6	内螺纹	M18×1					
7	倒角	4 处					
8	粗糙度	*R*a1.6					
					零件质量：合格□　不合格□		

零件加工小结：

主要完成者（A）：　　　辅助者（B）：　　　辅助者（C）：

附件 3.8

按“6S”进行整理操作要求

操作步骤		完成状况
整理	1. 整理工作台内的物品	
	2. 整理模具工作台的物品	
	3. 检查机床工具盒内工具是否完全	
	4. 把不用的或垃圾扔掉	
整顿	1. 将机床工具盒内工具摆放整齐	
	2. 机床工具盒是否按位置摆放	
	3. 机床边上的工作台是否摆放整齐	
清扫	1. 清扫地板	
	2. 清扫工具盒	
	3. 清扫工作台	
	4. 清扫机床外表面	
	5. 清扫机床内部	
清洁	1. 检查机床是否有漏油	
	2. 保持工作场地的清洁	
素养	1. 在工场要求的着装是否做到	
	2. 每组的组员有否串岗	
安全	1. 打扫过程中各组员是否安全	
	2. 打扫过程中机床是否损坏	
	3. 机床是否正常启动	
	4. 机床急停按钮是否工作正常	
	5. 是否存在安全隐患	

附件 3.9

学习资料

3.9.1　G00 与 G01 指令有什么异同?

1. G00——快速定位

格式：G00 *X*__ *Z*__；

　　　G00 *U*__ *W*__；

其中，*X*__ *Z*__ 指终点坐标值；

　　　*U*__ *W*__指终点相对坐标值。

作用是快速地从当前点以直线方式移动到终点坐标；G00 指令的运动轨迹是按快速定位进给速度运行（移动速度由系统的 22、23 号参数设定），先两轴同量同步进给作斜线运动，走完较短的轴，再走完较长的另一轴。

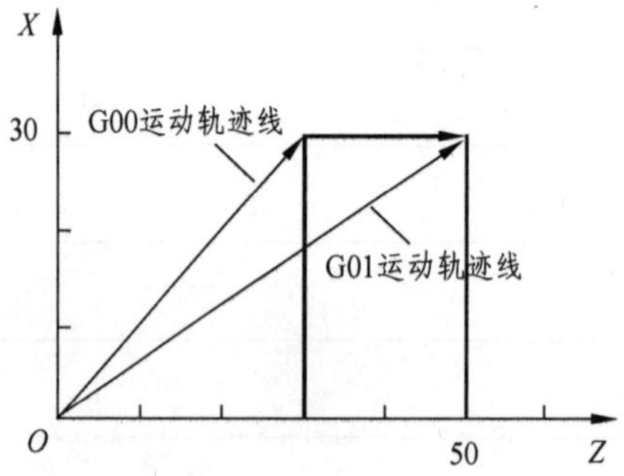

图 3.2

图 3.2 说明：G00 X30 Z50 是 *X*、*Z* 两轴同步移动 30 mm 作斜线运动，最后 *Z* 轴移动 20 mm。

2. G01——直线插补

格式：G01 *X*__ *Z*__ *F*__；

　　　G01 *U*__ *W*__ *F*__；

其中，*X*__ *Z*__ 指终点坐标值；

　　　*U*__ *W*__ 指终点相对坐标值；

　　　*F*__ 指进给速度，表示在当前点以直线方式和设定的进给速度移动到终点坐标。

图 3.2 说明：G01 X30 Z50 F80　从 *O* 点作斜线运动，*X*、*Z* 分别移动 30 mm 和 50 mm，进给速度为 80 mm/min。

【例题 3.1】　把ϕ33 mm 的棒料加工成如图 3.3 所示的ϕ30 mm 圆柱。

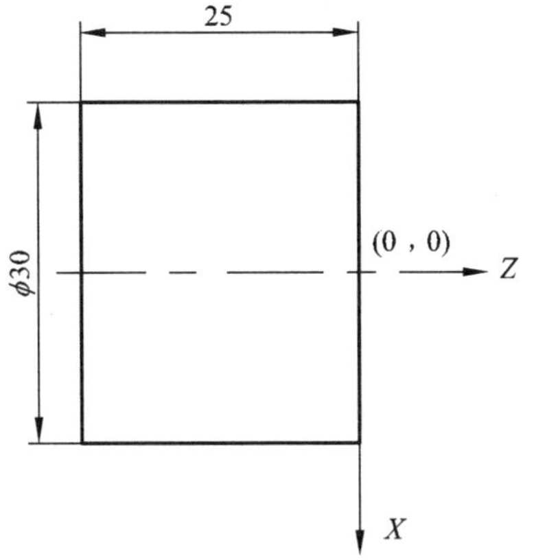

图 3.3

程序如下：

G00 *X*30 *Z*2；

G01 *X*30 *Z*－25 *F*100；

注意：G01 跟在 G00 后面一定要带 *F* 值。

【练习】　编制如图 3.4 所示工件的加工轨迹程序。

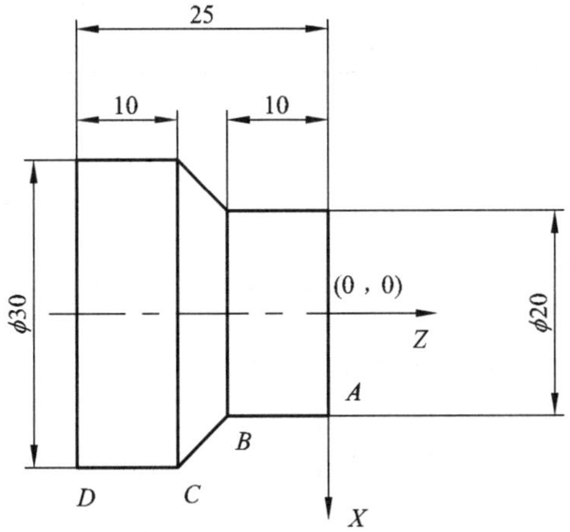

图 3.4

加工程序如下：

O0001		
N10	G00　X100　Z100	建立坐标系
N20	M03　S600	主轴正转
N30	T0100	调用 1 号刀
N40	G00　X20　Z2　M08	快速定位，冷却液开
N50	G01　X20　Z－10　F100	从 *A* 点切到 *B* 点
N60	G01　X30　Z－15	从 *B* 点切到 *C* 点
N70	G01　X30　Z－25	从 *C* 点切到 *D* 点
N80	G00　X100　Z100	返回程序原点
N90	M30	程序结束，辅助功能关

3.9.2 G90 能实现什么样的加工功能，能完成什么样的零件加工？

在华中数控系统中实现此功能的指令为 G80，格式一样。

1. G90——外圆、内圆车削循环（单一循环）

格式：G90 *X*__ *Z*__ *R*__ *F*___；

其中，*X*__*Z*__切削终点坐标值；

*R*___圆锥起点相对于圆锥终点在 *X* 轴上的位置差（半径表示），*F*___切削速度。

2. 零件加工示例

（1）当 *R* 值为零或缺省时，动作分解，如图 3.5 所示。

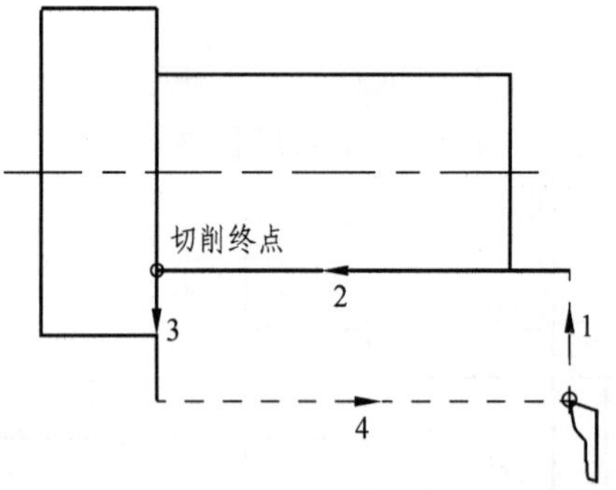

图 3.5

① *X* 轴快进至与终点坐标同一 *X* 坐标的位置上（走 G00）；

② *Z* 轴以进给速度车削至终点位置（走 G01）；

③ *X* 轴以进给速度退至与起点同一 *X* 坐标的位置（走 G01）；

④ *Z* 轴快进退回起点（走 G00）。

【例题 3.2】 把直径 ϕ50 mm 的棒料加工成图 3.6 所示的工件，并编写加工程序。

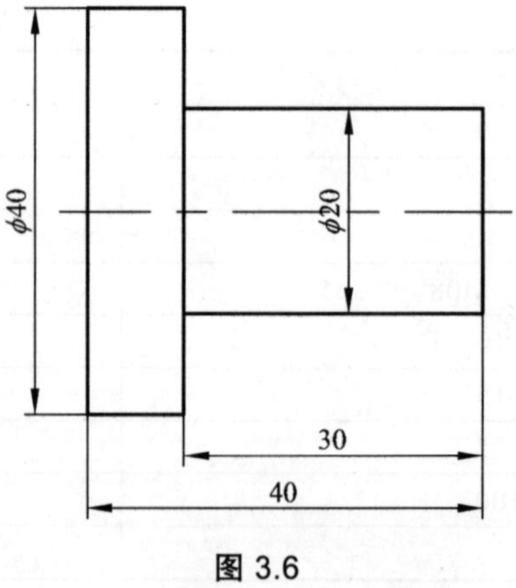

图 3.6

基于广州数控系统程序（O0090）如下：

N10	G00 X100 Z100 M03 S650	N70	X30
N20	T0100	N80	X25
N30	G00 X52 Z2	N90	X20
N40	G90 X45 Z－40 F100	N100	G00 X100 Z100
N50	X40	N110	M05
N60	X35 Z－30	N120	M30

基于华中数控系统程序（O0080）如下：

N10	G00 X100 Z100 M03 S650	N70	X30
N20	T0100	N80	X25
N30	G00 X52 Z2	N90	X20
N40	G80 X45 Z－40 F100	N100	G00 X100 Z100
N50	X40	N110	M05
N60	X35 Z－30	N120	M30

【例题3.3】 把钻孔为ϕ25 mm棒料加工成如图3.7所示的工件，并编写加工程序。

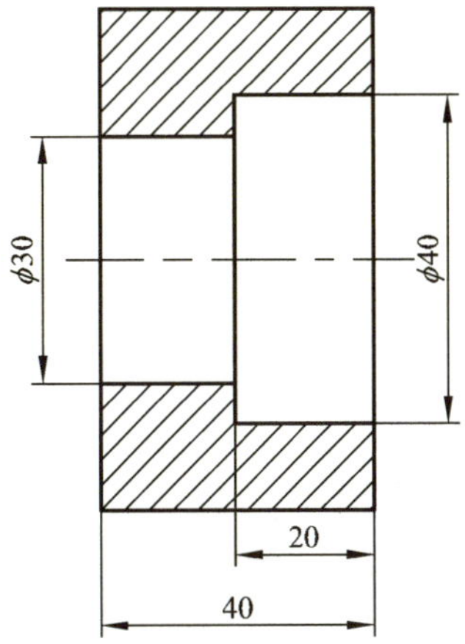

图3.7

基于广州数控系统程序（O1090）如下：

N10	G00 X100 Z100	N80	X39
N20	M03 S600 T0101	N90	X40
N30	G00 X24 Z2	N100	G00 X100 Z100
N40	G90 X28 Z－42 F80	N110	T0100
N50	X30	N120	M05
N60	X33 Z－20	N130	M30
N70	X36		

基于华中数控系统程序（O1080）如下：

N10	G00 X100 Z100	N80	X39
N20	M03 S600 T0101	N90	X40
N30	G00 X24 Z2	N100	G00 X100 Z100
N40	G80 X28 Z－42 F80	N110	T0100
N50	X30	N120	M05
N60	X33 Z－20	N130	M30
N70	X36		

（2）当 R 值不为零时，动作分解，如图 3.8 所示。

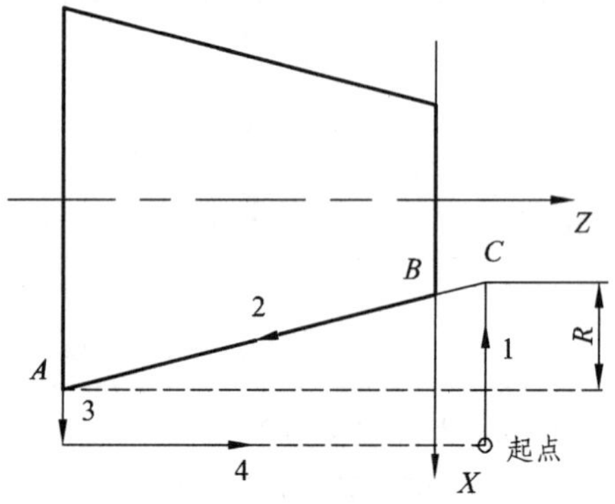

图 3.8

① X 轴由起点→C 点（走 G00）；

② X 轴与 Z 轴同时运动由 C 点→A 点（走 G01）；

③ X 轴以进给速度退至与起点同一 X 坐标的位置（走 G01）；

④ Z 轴快进退回起点（走 G00）。

【例题 3.4】 把 ϕ52 mm 的棒料加工成如图 3.9 所示的工件，并编写加工程序。

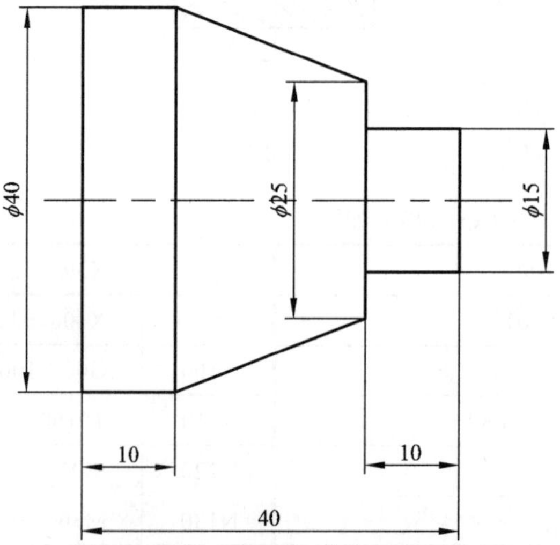

图 3.9

基于广州数控系统程序（O2090）如下：

N10	G00 X80 Z80	N100	X25
N20	S560 M03	N110	X20
N30	T0100	N120	G00 X52 Z－8
N40	G00 X52 Z2	N130	G90 X50 Z－30 R－2
N50	G90 X50 Z－40 F80	N140	R－4
N60	X45 Z－10	N150	R－6
N70	X40	N160	R－8.25
N80	X35	N170	G00 X80 Z80
N90	X30	N180	M30

基于华中数控系统程序（O2080）如下：

N10	G00 X80 Z80	N100	X25
N20	S560 M03	N110	X20
N30	T0100	N120	G00 X52 Z－8
N40	G00 X52 Z2	N130	G80 X50 Z－30 R－2
N50	G80 X50 Z－40 F80	N140	R－4
N60	X45 Z－10	N150	R－6
N70	X40	N160	R－8.25
N80	X35	N170	G00 X80 Z80
N90	X30	N180	M30

3.9.3　G32、G92、G76 三个指令用于加工螺纹时有什么区别?

1. G32——螺纹切削（单一指令）

格式：G32 *X*__ *Z*__ *F*__；

其中：*X*__ *Z*__：终点坐标值；

　　　*F*__ 螺纹导程。

此指令广州数控与华中数控系统使用完全一致。

用 G32 指令进行螺纹加工的进刀方法如图 3.10 所示。

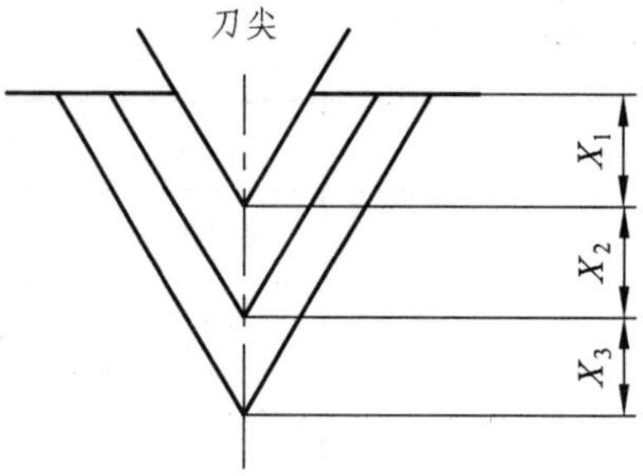

图 3.10

【例题 3.5】 用 G32 加工如图 3.11 所示的工件，并编写加工程序。

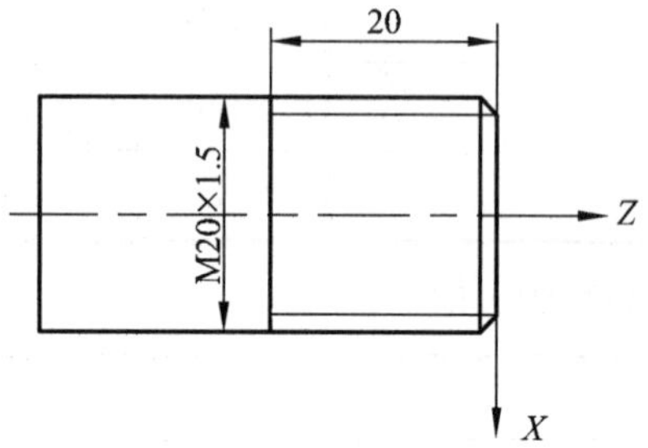

图 3.11

加工程序（O0032）如下：

N10	G00 X60 Z60	N90	G00 X22
N20	S50 M03 T0303	N100	Z3
N30	G00 X22 Z3	N110	X18.05
N40	G32 X19 Z－20 F1.5	N120	G32X18.05 Z－20 F1.5
N50	G00 X22	N130	G00 X60
N60	Z3	N140	Z60 M05
N70	X18.5	N150	M30
N80	G32 X18.5 Z－20 F1.5		

2. G92——螺纹切削循环

在华中数控系统中实现此功能的指令为 G82，格式一样。

（1）直螺纹

格式：G92 *X*__ *Z*__ *F*__（公制）；

*X*__ *Z*__ 切削终点坐标值；

*F*__ 螺纹导程（公制）。

格式：G92 *X*__ Z__ *I*__ （英制）；

*X*__ *Z*__ 切削终点坐标值；

*I*__ 牙数/英寸（英制）。

用 G92 指令进行螺纹加工的进刀方法如图 3.12 所示。

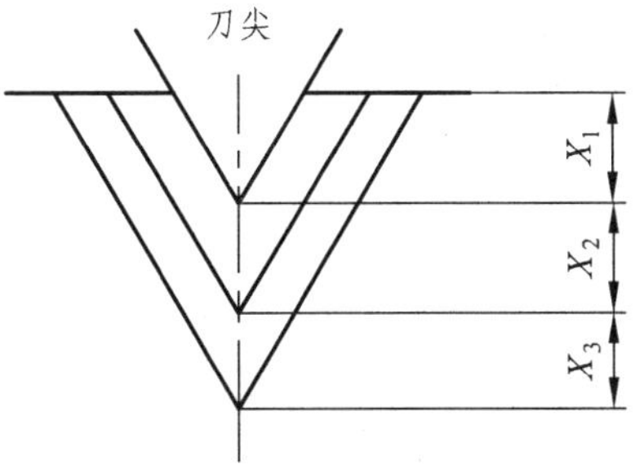

图 3.12

【例题 3.6】　如图 3.13 所示的工件，螺纹螺距为 1.5，试编写加工程序。

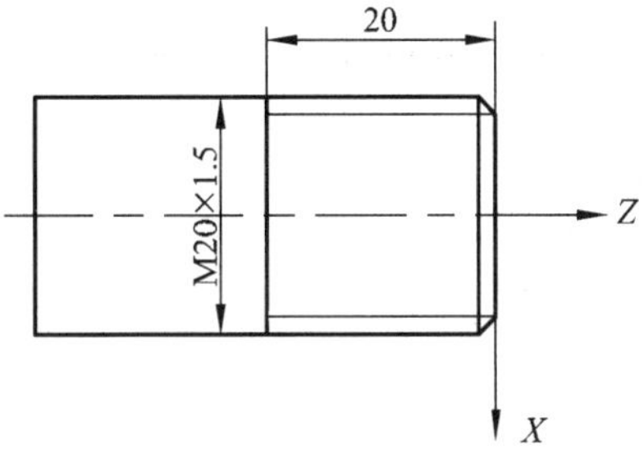

图 3.13

基于广州数控系统程序如下：

N10	G00　X20　Z3	N30	X18.5
N20	G92　X19　Z－20 F1.5	N40	X18.35

基于华中数控系统程序如下：

N10	G00　X20　Z3	N30	X18.5
N20	G82　X19　Z－20 F1.5	N40	X18.35

（2）锥螺纹

格式：G92　*X*__ *Z*__ *R*__ *F*__（公制）

G92　*X*___*Z*__ *R*__ *I*__（英制）

*X*__ *Z*__ 切削终点坐标值；

*F*__ 螺纹导程（公制）；

*R*__ 锥度，螺纹切削起点与螺纹切削终点的 *X* 轴坐标差值（半径值）；

*I*__ 牙数/英寸（英制）。

【例题 3.7】 如图 3.14 所示的锥螺纹，螺距为 1.5，并编写加工程序。

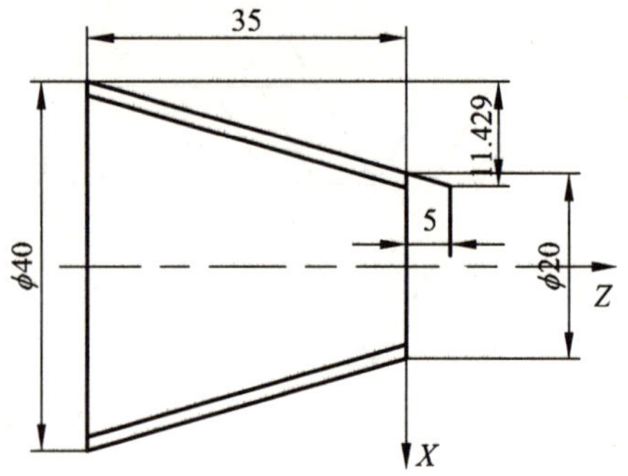

图 3.14

基于广州数控系统程序如下：

N10	T0303	N40	X38.5
N20	G00 X45 Z5	N50	X38.35
N30	G92 X39 Z－35 R－11.429 F1.5		

基于华中数控系统程序如下：

N10	T0303	N40	X38.5
N20	G00 X45 Z5	N50	X38.35
N30	G82 X39 Z－35 R－11.429 F1.5		

3. G76——复合型螺纹切削循环指令（广州数控系统）

格式：G76 $P\underline{m}\,\underline{r}\,\underline{\alpha}$ $Q\underline{\Delta d_{min}}$ $R\underline{d}$；

G76 $X\underline{U}$ $Z\underline{W}$ $R\underline{i}$ $P\underline{k}$ $Q\underline{\Delta d}$ $F\underline{L}$；

（1）指令说明：G76 $P\underline{m}\,\underline{r}\,\underline{\alpha}$ $Q\underline{\Delta d_{min}}$ $R\underline{d}$；

m：最后精加工的重复次数 01～99（01 表示一次）；

r：螺纹倒角量。如果把 L 作为导程，在（0.01～9.9）L 的范围内，以 0.1L 为一挡，可以用 00～99 两位数值指定；

α：刀尖的角度（螺纹牙型角度），可以选择 80°、60°、55°、30°、29°、0°等 6 种角度，把此角度值用两位数指定；

m，r，α 同用地址 P 一次指定；

Δd_{min}：螺蚊最小吃刀深度（μm，半径量）；

d：精加工余量（mm，半径量）。

（2）指令说明：G76 $X\underline{U}$ $Z\underline{W}$ $R\underline{i}$ $P\underline{k}$ $Q\underline{\Delta d}$ $F\underline{L}$；

U，W：螺蚊终点坐标；

i：锥度螺纹起点相对螺纹终点 X 方向的差值；$i=0$ 或省略 $R\underline{i}$ 时为切削直螺纹（mm，半径量）；

k：螺蚊单个牙深（μm，半径量）；

Δd：第一刀吃刀深度（μm，半径量）；

L：螺蚊导程（mm）。

注意：$\underline{\Delta d_{min}}$、$\underline{k}$、$\underline{\Delta d}$不可有小数点，并且自动前进3位（系统）。

4. G76——复合型螺纹切削循环指令（华中数控系统）

格式：$G76C(c)R(r)E(e)A(\alpha)X(x)Z(z)I(i)K(k)U(d)V(\Delta d_{min})Q(\Delta d)P(p)F(L)$；

说明：

c：精整次数（1 ~ 99），为模态值；

r：螺纹Z向退尾长度（00 ~ 99），为模态值；

e：螺纹X向退尾长度（00 ~ 99），为模态值；

α：刀尖角度（两位数字），为模态值（在80°、60°、55°、30°、29°和0°这6个角度中选1个）；

x，z：绝对值编程时，为有效螺纹终点C的坐标；增量值编程时，为有效螺纹终点C相对于循环起点A的有向距离；（用G91指令定义为增量编程,使用后用G90定义为绝对编程。）

i：螺纹两端的半径差；如$i = 0$，为直螺纹（切削方式）；

k：螺纹高度；（该值由x轴方向上的半径值指定）；

Δd_{min}：最小切削深度（半径值）；当第n次切削深度（$\Delta d_n - \Delta d_n - 1$），小于$\Delta d_{min}$时，则切削深度设定为$\Delta d_{min}$；

d：精加工余量（半径值）；

Δd：第一次切削深度（半径值）；

p：主轴基准脉冲处距离切削起始点的主轴转角；

L：螺纹导程（同G32）。

用G76指令进行螺纹加工的进刀方法如图3.15所示。

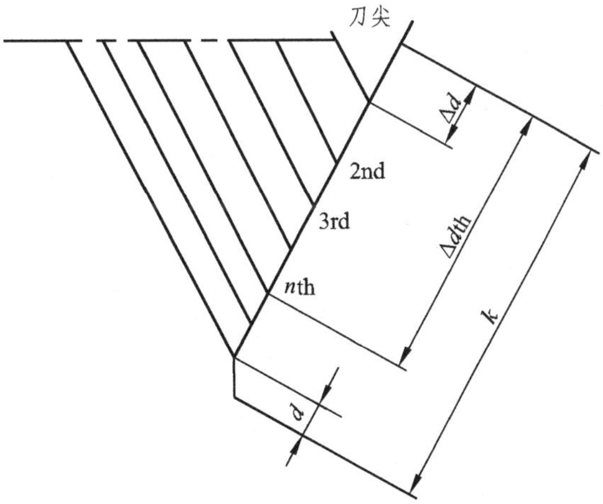

图 3.15

【例题 3.8】 编制如图 3.16 所示的工件（单线螺纹）的加工程序。

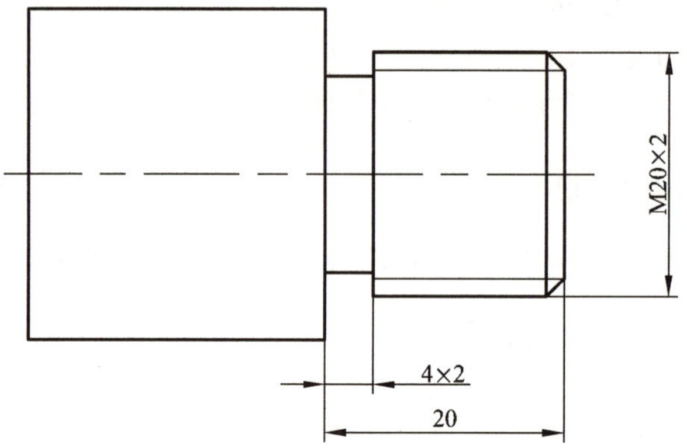

图 3.16

基于广州数控系统程序（O0076）如下：

N10	G00 X80 Z60	N50	G76 P010060 Q50 R0.025
N20	S560 M03	N60	G76 X17.4 Z－17 P1300 Q350 F2
N30	T0303（螺纹车刀）	N70	G00 X80 Z60 M05
N40	G00 X24 Z5 M08	N80	M30

基于华中数控系统程序（O0076）如下：

N10	G00 X80 Z60	N50	G76 C1 A60 X17.4 Z－17 K1.3 U0.1 V0.2 Q0.8 F2
N20	S560 M03	N60	G00 X80 Z60 M05
N30	T0303（螺纹车刀）	N70	M30
N40	G00 X24 Z5 M08		

【例题 3.9】 用 G76 指令编制如图 3.17 所示的锥度螺纹（螺距 1.5）的加工程序。

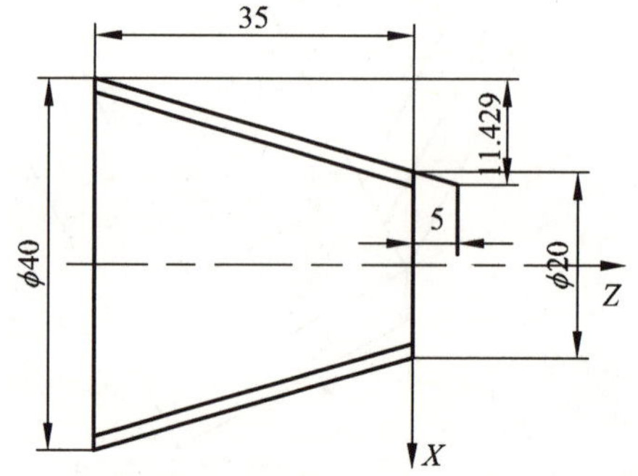

图 3.17

基于广州数控系统程序（O0076）如下：

N10	G00 X100 Z100	N50	G76 P010160 Q160 R0.16
N20	S600 M03	N60	G76 X38.35 Z-35 P975 Q300 R-11.429 F1.5
N30	T0303（螺纹车刀）M08	N70	G00 X100 Z100
N40	G00 X45 Z5	N80	N80 T0300 M30

基于华中数控系统程序（O0076）如下：

N10	G00 X100 Z100	N50	G76 C1 A60 X38.5.4 Z－35 I－11.429 K0.975 U0.1 V0.2 Q0.8 F1.5
N20	S600 M03	N60	G00 X100 Z100
N30	T0303（螺纹车刀）M08	N70	N80 T0300 M30
N40	G00 X45 Z5		

3.9.4　M18×1 螺纹的小径是多少？

图 3.18 所示为 M18×1 螺纹结构示意图。

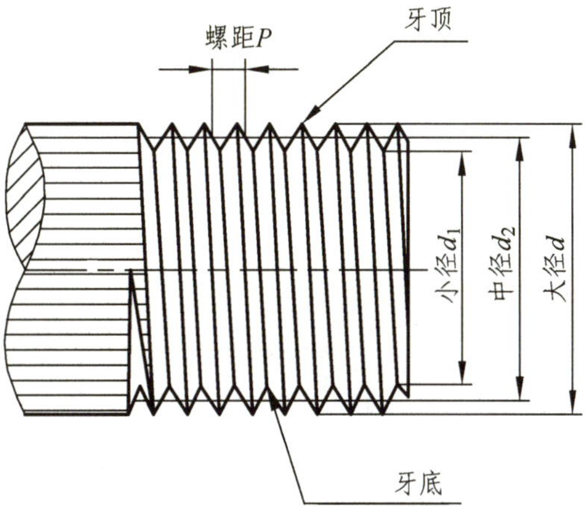

图 3.18

（1）外螺纹切削量的计算

顶径 = $M-0.1P$

中径 = $M-0.65P$

底径 = $M-1.3P$

【例题 3.10】　M18×1.5（螺纹外径 = 18 mm，螺距 P = 1.5 mm）

顶径 $= M-0.1P=18-0.1\times1.5=18-0.15=17.85$（mm）
中径 $= M-0.65P=18-0.65\times1.5=18-0.975=17.025$（mm）
底径 $= M-1.3P=18-1.3\times1.5=18-1.95=16.05$（mm）

（2）内螺纹切削量的计算

顶径 $= M-1.2P$
中径 $= M-0.65P$
底径 $= M$

【例题 11】 M42×3（螺纹大径 = 42 mm，螺距 $P=3$ mm）

顶径 $= M-1.2P=42-1.2\times3=42-3.6=38.4$（mm）
中径 $= M-0.65P=42-0.65\times3=42-1.95=40.05$（mm）
底径 $= M=42$（mm）

3.9.5 加工 M18×1 螺纹时的主轴转速为多少?

$S\approx1\,600/P-80$

如果加工螺距为 2 mm 的螺纹时，主轴转速为：

$S\approx1\,600/2-80\approx720$（r/min）

3.9.6 加工 M18×1 螺纹时分次切削有何特点?

（1）螺纹的切入、切出，如图 3.19 所示。

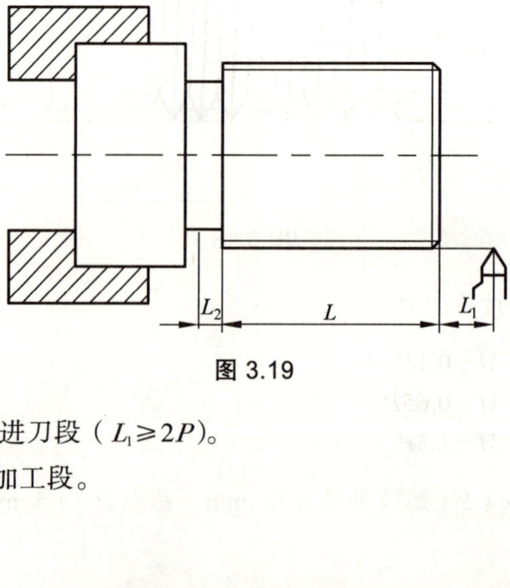

图 3.19

L_1 ——螺纹刀的加速进刀段（$L_1\geqslant2P$）。
L ——螺纹刀的匀速加工段。

L_1——螺纹刀的减速退刀段（$L_2 \approx P$）。

（2）螺纹的切削规律，如图 3.20 所示。

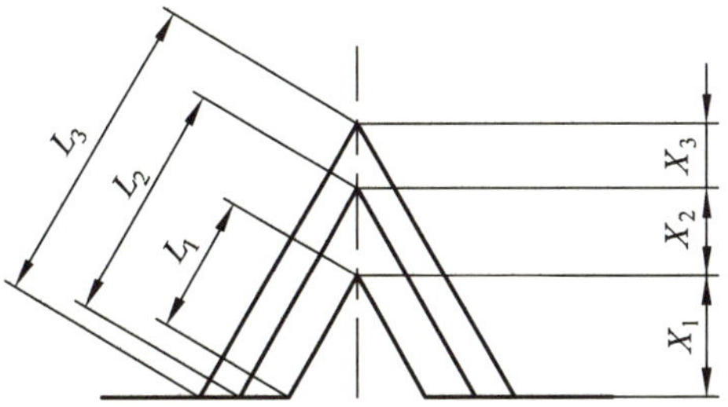

图 3.20

如图 3.20 所示可知：

$X_1 > X_2 > X_3$，即在分次切削螺纹时，第一次的吃刀量最大，随后每次的吃刀量要逐渐减少。

$2L_1 < 2L_2 < 2L_3$，即在分次切削螺纹时，第一次的切削时刀与螺纹的接触面最小，随后每次切削时刀与螺纹的接触面要逐渐增大。

常用螺纹切削进给次数与吃刀量如表 3.1 所示。

表 3.1　常用螺纹切削进给次数与吃刀量（公制螺纹）

螺距		1	1.5	2	2.5	3	3.5	4
牙深（半径量）		0.65	0.975	1.3	1.625	1.95	2.275	2.6
切削进给次数与吃刀量（直径量）	1 次	0.7	0.8	0.9	1.0	1.2	1.5	1.5
	2 次	0.4	0.6	0.6	0.7	0.7	0.7	0.8
	3 次	0.2	0.4	0.6	0.6	0.6	0.6	0.6
	4 次		0.15	0.4	0.4	0.4	0.6	0.6
	5 次			0.1	0.4	0.4	0.4	0.4
	6 次				0.15	0.4	0.4	0.4
	7 次					0.2	0.2	0.4
	8 次						0.15	0.3
	9 次							0.2

3.9.7 如何用中心钻打中心孔？

中心钻的外形与结构如图 3.21 所示。

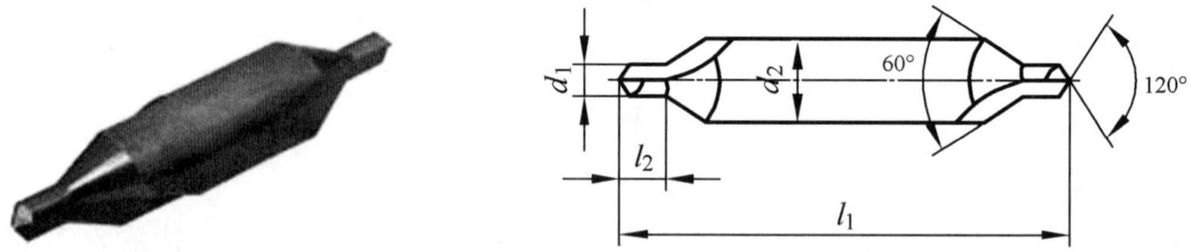

（a）　　　　　　　　（b）

图 3.21

图 3.21 所示的中心钻 d_1 表示______________；d_2 表示__________；L_1 表示_________；L_2 表示_______________。用此中心钻钻的中心孔锥度为________度。

3.9.8 若用ϕ15 的钻头钻铝合金，则数控车床的主轴转速是多少？

（1）麻花钻头

如图 3.22 所示，麻花钻头的种类有____________和______________。

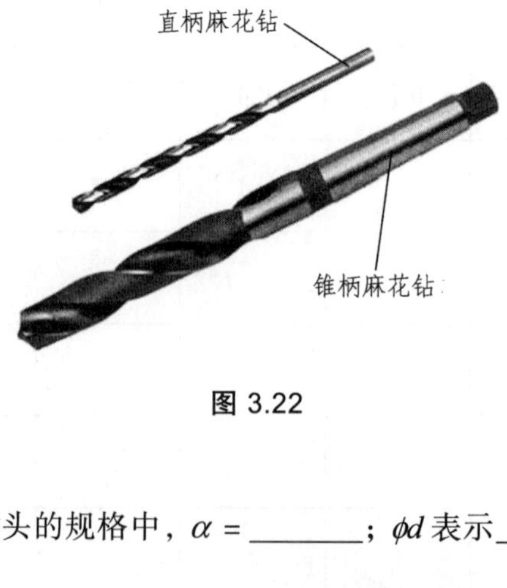

图 3.22

（2）麻花钻头规格

如图 3.23 所示，麻花钻头的规格中，α = _______；ϕd 表示__________；L 表示_______；L_1 表示_______。

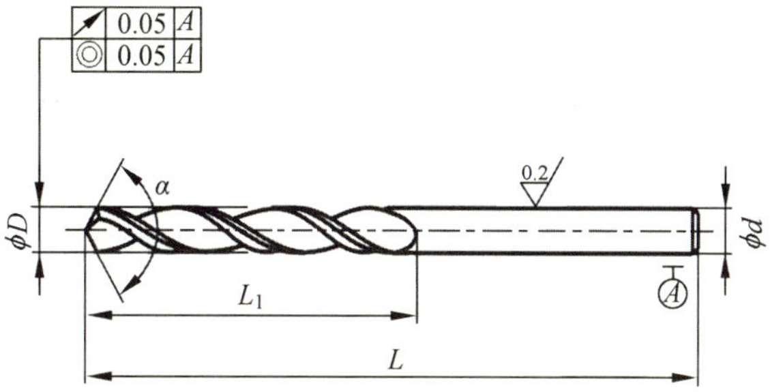

图 3.23

（3）高速钢麻花钻头钻削参数（见表 3.2）

表 3.2

加工材料	低碳钢	中高碳钢	合金钢不锈钢	铸铁	铝合金	铜合金
钻削速度 v/（m/min）	25～30	20～25	15～20	20～25	30～50	20～40

钻孔时主轴转速计算方法：

$$S = 1\,000v/\pi d \text{ 或 } S \approx 318\, v/d$$

d——钻头直径（mm）。

学习任务4 阀芯零件加工

组别：________ 组长（A）：________ 组员（B）：________ 组员（C）：________

任务描述

阀芯零件在直单向阀连接器中与外连接套和辅助弹簧连接，起到进气与关气的作用，阀芯零件加工主要由外形加工、切槽加工及切断组成，加工的难点是用复合指令完成零件加工的程序编写及保证零件的整体质量，具体的加工要求如图 4.1 所示。

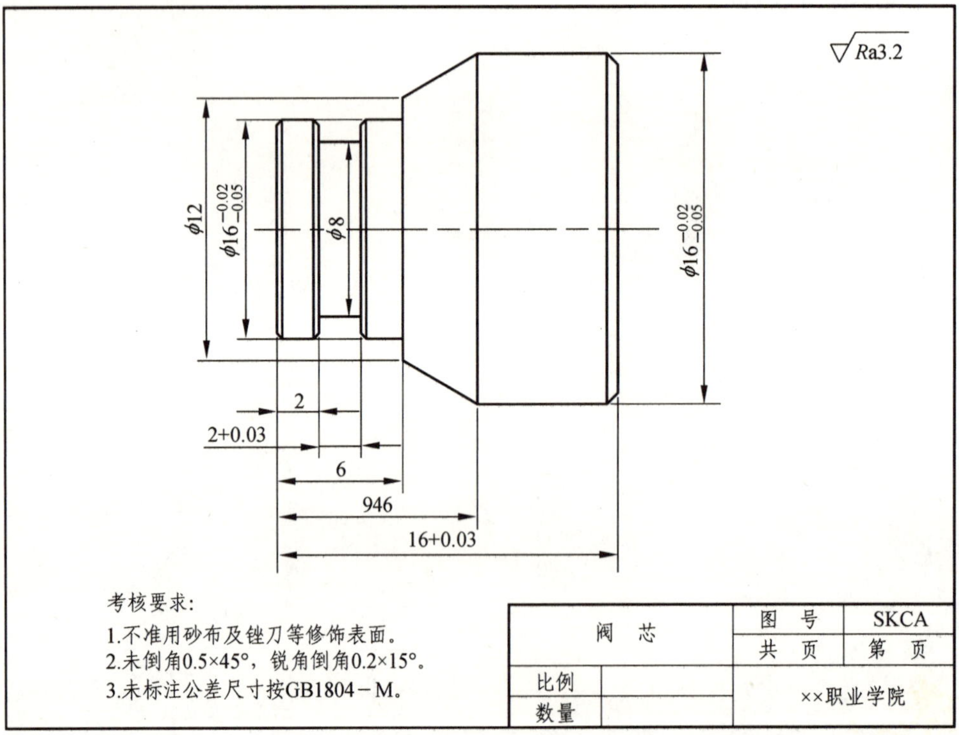

图 4.1

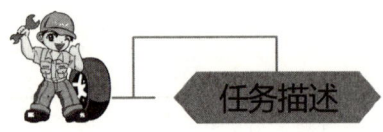

学习目标

（1）能叙述 G71、G72 复合指令的格式及功能。
（2）能叙述 G71、G72 复合指令的异同及使用注意事项。
（3）能用 G71、G72 复合指令编写零件的加工程序。
（4）能选择合理的切削三要素。
（5）能准确使用外径千分尺。
（6）能正确进行工件的安装及对刀。
（7）能安全规范操作数控车床完成零件的加工及检测。
（8）能分析出现质量问题的原因并提出改进方法。

任务结构

阀芯零件加工

- 一、明确任务
- 二、模拟加工
  - （1）可行性分析
    - ①分许工作任务的主要加工内容。
    - ②选择加工备料方案，并说明所选择备料方案的优缺点。
    - ③设计零件加工时的装夹方案，并画出装夹简图。
    - ④选择装夹时所用的夹具。
    - ⑤选择加工时所用的刀量具，并说明理由，同时填写刀具、工具清单。
    - ⑥选择加工时所用的量具，并说明理由，同时填写量具清单。
    - ⑦确定合理的切削三要素。
    - ⑧查阅资料，解决编写加工程序困难。
  - （2）安排加工工艺，填写加工工艺卡。
  - （3）编写加工程序，填写加工程序单。
  - （4）零件仿真加工。
- 三、真实加工
  - （1）按刀具、工具清单，量具清单领取刀具、工具、量具。
  - （2）开机前检查。
  - （3）程序录入。
  - （4）程序校验。
  - （5）刀具安装及对刀。
  - （6）首件零件加工、检零件质量，如有质量问题，进行质量分析，提出解决问题的方法。
  - （7）结合首件零件加工的情况，如有质量问题，改进加工方法，进行第二件零件加工，检测零件质量，如仍有质量问题，继续进行质量分析，提出解决问题的方法。
  - （8）结合前两件零件加工的情况，进行第三件零件加工，检测零件质量，对本次零件加工进行总结，设计批量生产的加工方案。
  - （9）按“6S”要求进行整理。
- 四、评价反馈

一、明确任务

了解阀芯零件的功能及使用价值，分析工作任务的主要加工内容，清楚完成任务所需的知识，明确完成任务的流程。

二、模拟加工

（1）可行性分析。

认真阅读图纸，深入思考、仔细分析解决以下问题，并确定能否完成此任务，并完成以下内容的填写。

① 零件的主要加工内容有哪些？

序号	加　工　内　容
1	
2	
3	
4	
5	
6	
7	
8	
9	
10	

② 零件加工流程是怎样的？

_______→_______→_______→_______→_______→_______→_______→_______→_______→_______→_______→_______

③ 选择什么样的夹具，并说明选择理由。（可多选）

A. 普通三爪卡盘（　　）　　B. 普通四爪卡盘（　　）

C. 可实现自动送料的液压卡盘（　　）　　D. 其他夹具（　　）

④ 选择什么样的备料方案，并说明理由。

A. $\phi20\times16$（　　）　　B. $\phi20\times18$（　　）

C. $\phi20\times500$（　　）　　D. $\phi16\times500$（　　）

E 自定义材料尺寸（　　）

⑤ 设计零件加工装夹方案，并画出装夹简图。

装 夹 方 案 简 图

⑥ 选择所要使用的刀具、工具，并说明每种刀具、工具的用途，并填写工、量具清单（见附件 4.3）。

	95° 	
A. 外圆车刀（　　）	B. 内孔镗刀（　　）	C. 成形圆弧刀（　　）
	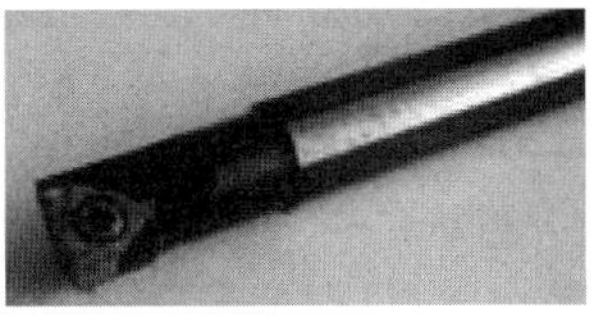	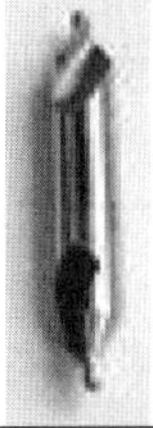
D. 外圆切槽刀（　　）	E. 内孔螺纹刀（　　）	F. 中心钻（　　）
	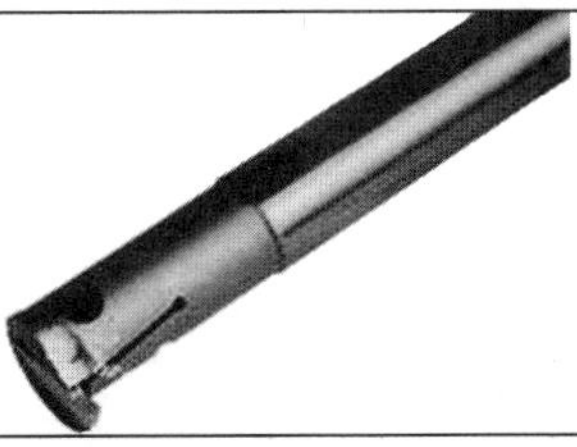	
G. 内孔镗刀（　　）	H. 内孔切槽刀（　　）	I. 麻花钻头（　　）

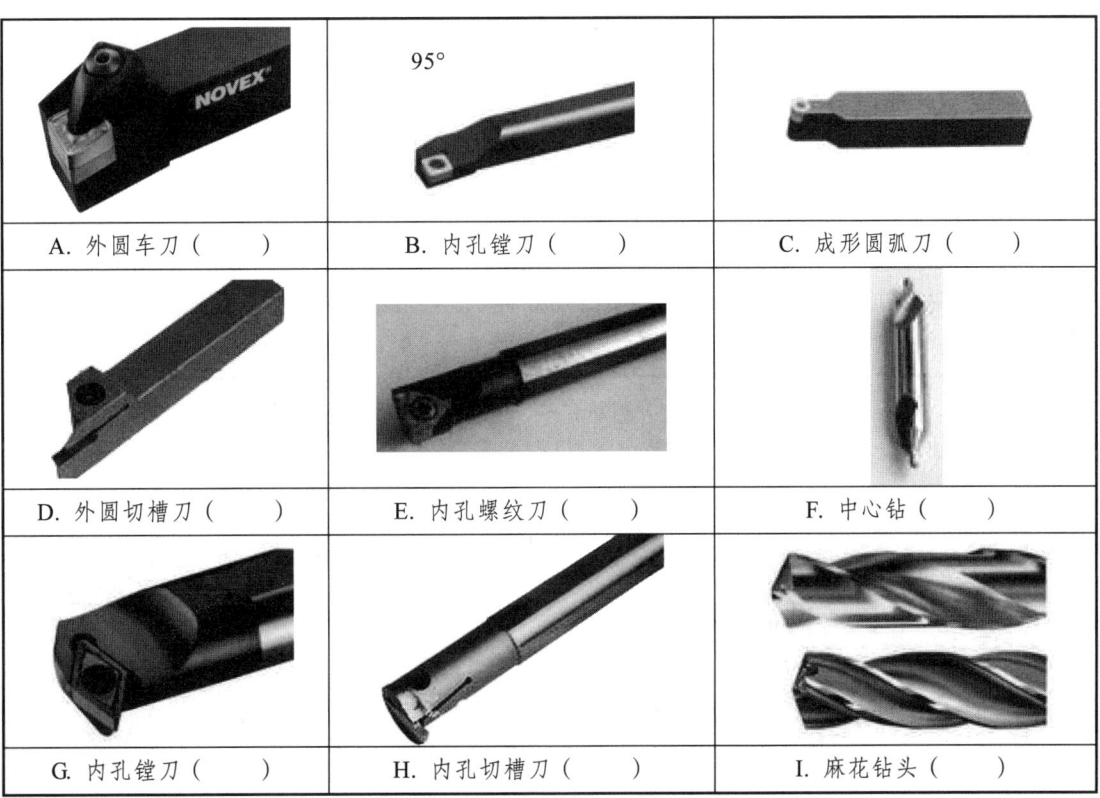

⑦ 确定所要使用的量具，并说明每种量具的用途，并填写工、量具清单（见附件 4.3）。

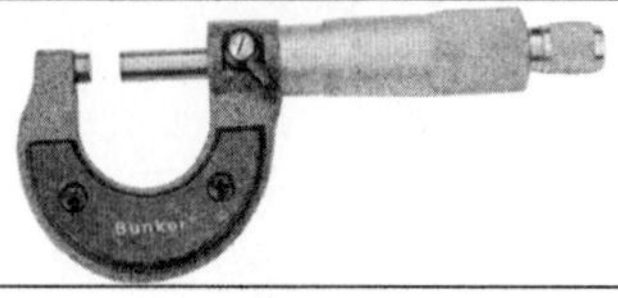	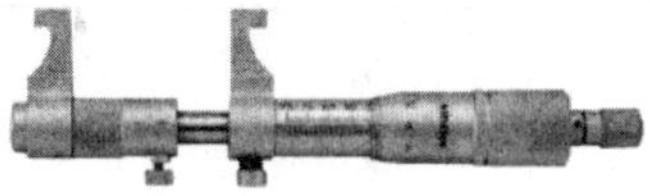	
A. 外径千分尺（　　）	B. 内径千分尺（　　）	C. 钢直尺（　　）

D. 游标卡尺（　　）	E. 圆弧半径样规（　　）	F. 万能角度尺（　　）
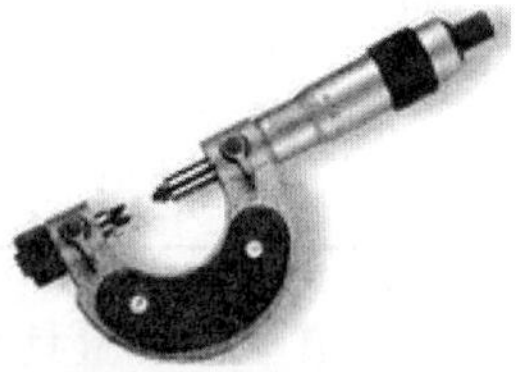		
G. 螺纹中径千分尺（　　）	H. 螺纹环规（　　）	I. 螺纹塞规（　　）

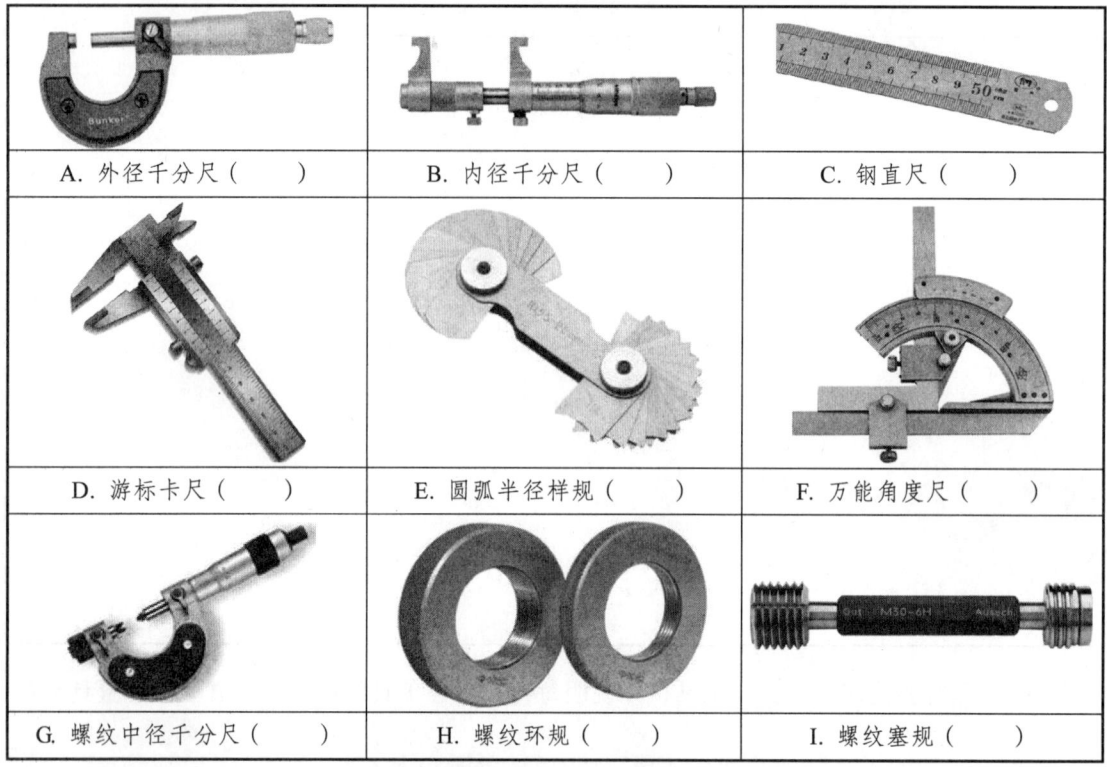

⑧ 确定用硬质合金刀加工材料为 45 号钢，直径为 ϕ30 mm 零件时的比较合理的切削三要素，主轴转速 $S=$_____，每次进刀量 $U=$______，进给速度 $F=$_____。

（2）填写加工工艺卡（见附件 4.1）。

（3）填写加工程序单（见附件 4.2）。

（4）零件仿真加工。

三、真实加工

工作过程记录表

工作内容（序号）	项目 / 工作内容（内容）	工作要求	分工情况（签名确认）
1	填写工、量具清单（见附件 4.3）	根据加工内容，讨论、确定完成加工要用的工、量具，并填写工、量具清单	组长（A）: 组员（B）: 组员（C）:
2	领取工、量具	根据填写的工、量具清单，领取工、量具	组长（A）: 组员（B）: 组员（C）:
3	开机前检查	根据附件 2.8 的要求进行开机前检查	组长（A）: 组员（B）: 组员（C）:

续表

序号	内　容	工 作 要 求	分工情况（签名确认）
4	程序录入	把编写好的程序录入到操作系统中，并进行核对是否有录入错误	主要完成者（C）: 审核者（A）: 终审者（B）:
5	程序校验	对录入完毕的程序进行校验，通过对仿真图的观察判断程序对错，如发现错误及时进行修改，直到程序能达到加工要求，并进行核对	主要完成者（A）: 审核者（B）: 终审者（C）:
6	刀具安装及对刀，填写刀具安装记录表（见附件 4.4）	根据加工需求安装刀具，进行对刀填写刀具安装记录表	主要完成者（B）: 审核者（C）: 终审者（A）:
7	首件零件加工	控制机床完成首件零件加工，尽量使零件达到质量要求	主要完成者（C）: 辅助者（A）: 辅助者（B）:
8	首件零件质量检测，填写质量检测记录表（见附件 4.5）	思考问题：如何用外径千分尺检测零件质量。（注：外径千分尺的用途及使用方法可查阅附件 4.9“学习资料”） 同组三位同学分别对首件零件进行检测，判断零件是否合格，如不合格，找出质量问题，进行质量问题的原因分析，并提出质量问题的解决方法，填写质量检测记录表	主要完成者（C）: 复检者（A）: 终检者（B）:
9	第二件零件加工	结合首件加工的情况，如有质量问题，提出解决问题方法，控制机床完成第二件零件加工，使零件达到质量要求	主要完成者（A）: 复检者（B）: 终检者（C）:
10	第二件零件质量检测，填写质量检测记录表（见附件 4.6）	同组三位同学分别对第二件零件进行检测，判断零件是否合格，如不合格，找出质量问题，进行质量问题的原因分析，并提出质量问题的解决方法，填写质量检测记录表	主要完成者（A）: 复检者（B）: 终检者（C）:
11	第三件零件加工	结合前两件加工的情况，如仍有质量问题，继续提出问题的解决方法，控制机床完成第三件零件加工，使零件达到质量要求	主要完成者（B）: 复检者（C）: 终检者（A）:
12	第三件零件质量检测，填写质量检测记录表（见附件 4.7）	同组三位同学分别对第三件零件进行检测，判断零件是否合格，对本次零件加工进行总结，体会批量生产的加工特点，设计批量生产加工方案，填写质量检测记录表	主要完成者（B）: 复检者（C）: 终检者（A）:
13	按“6S”要求进行整理	按“6S”要求进行整理，并在附件 4.8 内对已完成的项目打“√”	组长（A）: 组员（B）: 组员（C）:

四、评价反馈

学习任务“阀芯零件加工”评价表

评价项目	比重%	组长（A）	组员（B）	组员（C）
出勤情况	5	全勤□　缺席□	全勤□　缺席□	全勤□　缺席□
着装情况	5	按要求穿着□ 不按要求穿着□	按要求穿着□ 不按要求穿着□	按要求穿着□ 不按要求穿着□
设备使用安全情况	5	规范操作□ 违规操作□	规范操作□ 违规操作□	规范操作□ 违规操作□
工、量具摆放情况	5	按规定摆放□ 未按规定摆放□	按规定摆放□ 未按规定摆放□	按规定摆放□ 未按规定摆放□
机床保养情况	5	有保养机床□ 没有保养机床□	有保养机床□ 没有保养机床□	有保养机床□ 没有保养机床□
工、量具保养情况	5	有保养工、量具□ 没有保养工、量具□	有保养工、量具□ 没有保养工、量具□	有保养工、量具□ 没有保养工、量具□
工作页的填写	10			
沟通与合作	5			
解决问题能力	10			
零件质量	45			
成绩	100			

总体评价（学习进步方面、今后努力方向）:

教师签名：________　　　　年____月____日

学习附件

附件 4.1

阀芯零件加工工艺卡

零件名称	阀芯	零件图号	Sc03	车　间	数控车床车间
工　种	数控车工	材　料	铝合金	设　备	广州数控 华中数控
耗　材	$\phi20\times20$（每件）		件　数	3件	
零件示意图					

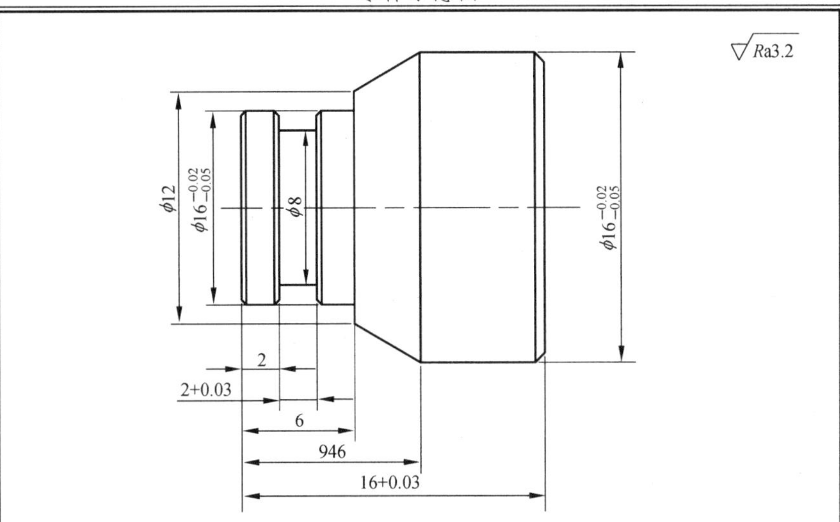

考核要求：

1.不准用砂布及锉刀等修饰表面。

2.未倒角0.5×45°，锐角倒角0.2×15°。

3.未标注公差尺寸按GB1804－M。

阀　芯		图　号	SKCA
		共　页	第　页
比例		××职业学院	
数量			

序号	加工工艺	刀具号	刀具类型	主轴转速（r/min）	进给速度（mm/min）	切削深度（mm）	备注
1							
2							
3							
4							
5							
6							
7							
8							
9							
10							
11							
12							

主要完成者（C）:　　审核者（A）:　　终审者（B）:

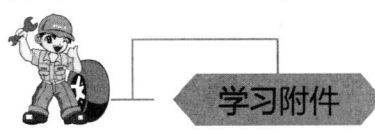

附件 4.2

阀芯零件加工程序单

一、基于广州数控系统编程

O4001		程序名
N10	T0101	外圆刀
N20	G00 X100 Z100	
N30	M03 S800	粗加工主轴转速（粗加工外形轮廓）
N40	G00 X27 Z2	
N50	G71 U1 R1	用 G71 复合指令进行粗加工
N60	G71 P70 Q120 U0.5 W0 F100	
N70	G01 X9 F100	
N80	X10 Z－0.5	
N90	Z－6	
N100	X12	
N110	X16 Z－9.46	
N120	Z－20	
N130	M05	
N140	M00	
N150	M03 S1500	精加工主轴转速（精加工外形轮廓）
N160	T0101	
N170	G00 X27 Z2	
N180	G70 P70 Q120	用 G70 复合指令进行精加工
N190	G00 X100 Z100	
N200	M05	
N210	M00	
N220	M03 S600	切槽的主轴转速
N230	T0202	刀宽为 1.5 mm 的切槽刀
N240	G00 X12 Z－3.5	切槽
N250	G01 X8 F30	
N260	G00 X12	
N270	Z－4	
N280	G01 X8 F30	
N290	G00 X12	
N300	X100 Z100	

续表

N310	M05	
N320	M00	
N330	M03 S600	切断及倒角的主轴转速
N340	T0303	刀宽为 2.5 mm 的切断刀
N350	G00 X18 Z－18.5	
N360	G01 X12 F30	倒角及切断
N370	G00 X18	
N380	Z－18	
N390	G01 X16 F30	
N400	X15 Z－18.5	
N410	X－1	
N420	G00 X100	
N430	Z100	
N440	M30	
主要完成者（A）:	审核者（B）:	终审者（C）:

二、基于华中数控系统编程

O4001		程序名
N10	T0101	外圆刀
N20	G00 X100 Z100	
N30	M03 S800	粗加工主轴转速（粗加工外形轮廓）
N40	G00 X27 Z2	
N50	G71 U1 R1 P120 Q170 X0.5 X0 F100	用 G71 复合指令进行粗加工
N60	G00 X100 Z100	
N70	M05	
N80	M00	
N90	M03 S1500	外形精加工
N100	T0101	
N110	G00 X27 Z2	
N120	G01 X9 F100	
N130	X10 Z－0.5	

续表

N140	Z−6	外形精加工
N150	X12	
N160	X16 Z−9.46	
N170	Z−20	
N180	G00 X100 Z100	
N190	M05	
N200	M00	
N210	M03 S600	切槽的主轴转速
N220	T0202	刀宽为 1.5 mm 的切槽刀
N230	G00 X12 Z−3.5	切槽
N240	G01 X8 F30	
N250	G00 X12	
N260	Z−4	
N270	G01 X8 F30	
N280	G00 X12	
N290	X100 Z100	
N300	M05	
N310	M00	
N320	M03 S600	切断及倒角的主轴转速
N330	T0303	刀宽为 2.5 mm 的切断刀
N340	G00 X18 Z−18.5	
N350	G01 X12 F30	倒角及切断
N360	G00 X18	
N370	Z−18	
N380	G01 X16 F30	
N390	X15 Z−18.5	
N400	X−1	
N410	G00 X100	
N420	Z100	
N430	M30	
主要完成者（A）:	审核者（B）:	终审者（C）:

附件 4.3

工、量具清单

工、量具名称	规格	数量	备注	工、量具名称	规格	数量	备注
组长（A）:			组员（B）:			组员（C）:	

附件 4.4

刀具安装记录

序号	刀具号	刀具类型	对刀情况
1			正确□　不正确□
2			正确□　不正确□
3			正确□　不正确□
4			正确□　不正确□
5			正确□　不正确□
6			正确□　不正确□
7			正确□　不正确□
8			正确□　不正确□
主要完成者（B）:		审核者（C）:	终审者（A）:

附件 4.5

首件零件质量检测记录表

工种	数控车床	单位		姓名		额定时间	

<table>
<tr><td>序号</td><td>考核项目</td><td colspan="2">考核内容及要求</td><td>测量结果（A）</td><td>测量结果（B）</td><td>测量结果（C）</td></tr>
<tr><td>1</td><td rowspan="4">外圆</td><td>$16_{-0.05}^{-0.02}$</td><td>IT</td><td></td><td></td><td></td></tr>
<tr><td>2</td><td>12</td><td>IT</td><td></td><td></td><td></td></tr>
<tr><td>3</td><td>$10_{-0.05}^{-0.02}$</td><td>IT</td><td></td><td></td><td></td></tr>
<tr><td>4</td><td>8</td><td>IT</td><td></td><td></td><td></td></tr>
<tr><td>5</td><td rowspan="3">长度</td><td>16 ± 0.03</td><td>IT</td><td></td><td></td><td></td></tr>
<tr><td>6</td><td>2</td><td>IT</td><td></td><td></td><td></td></tr>
<tr><td>7</td><td>6</td><td>IT</td><td></td><td></td><td></td></tr>
<tr><td>8</td><td>槽</td><td>2 ± 0.03</td><td>IT</td><td></td><td></td><td></td></tr>
<tr><td>9</td><td>倒角</td><td>4 处</td><td></td><td></td><td></td><td></td></tr>
<tr><td>10</td><td>粗糙度</td><td>$Ra1.6$</td><td></td><td></td><td></td><td></td></tr>
<tr><td></td><td></td><td></td><td></td><td></td><td></td><td></td></tr>
<tr><td colspan="7">零件质量：合格□　　不合格□</td></tr>
<tr><td colspan="7">主要质量问题：</td></tr>
<tr><td colspan="7">出现问题的原因分析：</td></tr>
<tr><td colspan="7">问题的解决方法：</td></tr>
<tr><td colspan="7">主要完成者（C）：　　辅助者（A）：　　辅助者（B）：</td></tr>
</table>

附件 4.6

第二件零件质量检测记录表

<table>
<tr><td>工种</td><td>数控车床</td><td>单位</td><td colspan="2"></td><td>姓名</td><td></td><td>额定时间</td><td></td></tr>
<tr><td>序号</td><td>考核项目</td><td colspan="2">考核内容及要求</td><td colspan="2">测量结果（A）</td><td colspan="2">测量结果（B）</td><td>测量结果（C）</td></tr>
<tr><td>1</td><td rowspan="4">外圆</td><td>$16^{-0.02}_{-0.05}$</td><td>IT</td><td colspan="2"></td><td colspan="2"></td><td></td></tr>
<tr><td>2</td><td>12</td><td>IT</td><td colspan="2"></td><td colspan="2"></td><td></td></tr>
<tr><td>3</td><td>$10^{-0.02}_{-0.05}$</td><td>IT</td><td colspan="2"></td><td colspan="2"></td><td></td></tr>
<tr><td>4</td><td>8</td><td>IT</td><td colspan="2"></td><td colspan="2"></td><td></td></tr>
<tr><td>5</td><td rowspan="3">长度</td><td>16 ± 0.03</td><td>IT</td><td colspan="2"></td><td colspan="2"></td><td></td></tr>
<tr><td>6</td><td>2</td><td>IT</td><td colspan="2"></td><td colspan="2"></td><td></td></tr>
<tr><td>7</td><td>6</td><td>IT</td><td colspan="2"></td><td colspan="2"></td><td></td></tr>
<tr><td>8</td><td>槽</td><td>2 ± 0.03</td><td>IT</td><td colspan="2"></td><td colspan="2"></td><td></td></tr>
<tr><td>9</td><td>倒角</td><td>4 处</td><td></td><td colspan="2"></td><td colspan="2"></td><td></td></tr>
<tr><td>10</td><td>粗糙度</td><td>Ra1.6</td><td></td><td colspan="2"></td><td colspan="2"></td><td></td></tr>
<tr><td colspan="9">零件质量：合格□　　不合格□</td></tr>
<tr><td colspan="9">主要质量问题：</td></tr>
<tr><td colspan="9">出现问题的原因分析：</td></tr>
<tr><td colspan="9">问题的解决方法：</td></tr>
<tr><td colspan="9">主要完成者（A）:　　　　辅助者（B）:　　　　辅助者（C）:</td></tr>
</table>

附件 4.7

第三件零件质量检测记录表

<table>
<tr><td>工种</td><td>数控车床</td><td>单位</td><td colspan="2"></td><td>姓名</td><td></td><td>额定时间</td><td></td></tr>
<tr><td>序号</td><td>考核项目</td><td colspan="2">考核内容及要求</td><td colspan="2">测量结果（A）</td><td colspan="2">测量结果（B）</td><td>测量结果（C）</td></tr>
<tr><td>1</td><td rowspan="4">外圆</td><td>$16_{-0.05}^{-0.02}$</td><td>IT</td><td colspan="2"></td><td colspan="2"></td><td></td></tr>
<tr><td>2</td><td>12</td><td>IT</td><td colspan="2"></td><td colspan="2"></td><td></td></tr>
<tr><td>3</td><td>$10_{-0.05}^{-0.02}$</td><td>IT</td><td colspan="2"></td><td colspan="2"></td><td></td></tr>
<tr><td>4</td><td>8</td><td>IT</td><td colspan="2"></td><td colspan="2"></td><td></td></tr>
<tr><td>5</td><td rowspan="3">长度</td><td>16±0.03</td><td>IT</td><td colspan="2"></td><td colspan="2"></td><td></td></tr>
<tr><td>6</td><td>2</td><td>IT</td><td colspan="2"></td><td colspan="2"></td><td></td></tr>
<tr><td>7</td><td>6</td><td>IT</td><td colspan="2"></td><td colspan="2"></td><td></td></tr>
<tr><td>8</td><td>槽</td><td>2±0.03</td><td>IT</td><td colspan="2"></td><td colspan="2"></td><td></td></tr>
<tr><td>9</td><td>倒角</td><td>4 处</td><td></td><td colspan="2"></td><td colspan="2"></td><td></td></tr>
<tr><td>10</td><td>粗糙度</td><td>Ra1.6</td><td></td><td colspan="2"></td><td colspan="2"></td><td></td></tr>
<tr><td colspan="9">零件质量：合格□　　不合格□</td></tr>
<tr><td colspan="9">零件加工小结：</td></tr>
<tr><td colspan="9">主要完成者（B）:　　　　辅助者（C）:　　　　辅助者（A）:</td></tr>
</table>

附件 4.8

按“6S”进行整理操作要求

操作步骤		完成状况
整理	1. 整理工作台内的物品	
	2. 整理模具工作台的物品	
	3. 检查机床工具盒内工具是否完全	
	4. 把不用的或垃圾扔掉	
整顿	1. 将机床工具盒内工具摆放整齐	
	2. 机床工具盒是否按位置摆放	
	3. 机床边上的工作台是否摆放整齐	
清扫	1. 清扫地板	
	2. 清扫工具盒	
	3. 清扫工作台	
	4. 清扫机床外表面	
	5. 清扫机床内部	
清洁	1. 检查机床是否有漏油	
	2. 保持工作场地的清洁	
素养	1. 在工场要求的着装是否做到	
	2. 每组的组员有否串岗	
安全	1. 打扫过程中各组员是否安全	
	2. 打扫过程中机床是否损坏	
	3. 机床是否正常启动	
	4. 机床急停按钮是否工作正常	
	5. 是否存在安全隐患	

附件 4.9

学习资料

问题解答

4.9.1　G71 复合指令的格式是什么？能实现什么样的加工功能？

1. G71——内、外圆粗车循环（广州数控系统）

格式：G71 *U*__ *R*__；

G71 *P*__ *Q*__ *U*__ *W*__ *F*__；

其中：G71　*U*__ *R*__；

*U*__：粗加工循环时，*X*轴方向的每次进刀量（半径表示）；

*R*__：粗加工循环时，*X*轴方向的每次退刀量（半径表示）。

G71　*P*__ *Q*__ *U*__ *W*__ *F*__；

*P*__：描述精加工轨迹程序的第一个程序段序号；

*Q*__：描述精加工轨迹程序最后一个程序段序号；

*U*__：*X*轴方向的精加工余量，用直径表示，有方向性和正负值；（外圆加工时用正值，内孔加工时用负值）；

*W*__：*Z*轴方向的精加工余量，直径表示，有方向性和正负值；

*F*__ 切削速度（进给速度）。

2. G71——内、外圆粗车循环的走刀特点（见图 4.2）

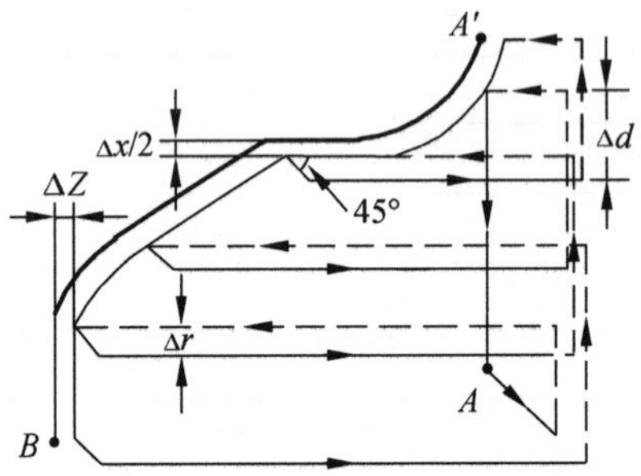

图 4.2

3. G71——外、内径粗车复合循环（华中数控系统）

G71 指令格式及意义：用于粗、精车工件外径。

G71　*U*__　*R*__　*P*（*ns*）　*Q*（*nf*）　*X*__　*Z*__　*F*__

N（*ns*）……

⋮

N（*nf*）……

各参数含义：

*U*__：切削深度（背吃刀量、每次切削量），半径值，无正负号；

*R*__：每次退刀量，半径值，无正负；

*ns*__：精加工路线中第一个程序段的顺序号；

*nf*__：精加工路线中最后一个程序段的顺序号；

*X*__：*X*方向精加工余量，直径值，一般取 0.4 mm；

*Z*__：*Z*方向精加工余量，一般取 0.2 mm；

*F*__：进给速度（mm/min）。

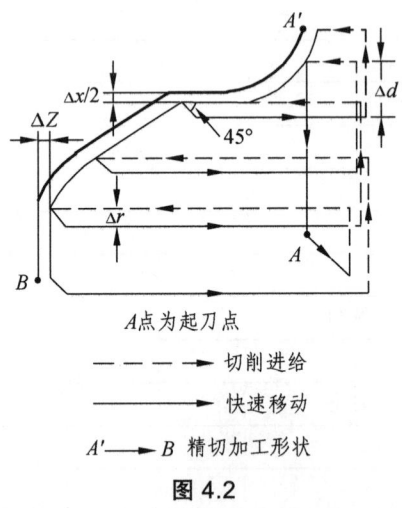

4. G71——内、外圆粗车循环的加工路线（见图 4.3）

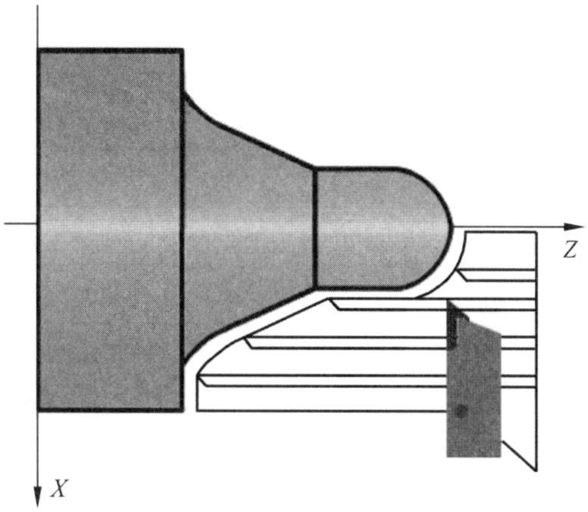

图 4.3

【例题 4.1】　使用 G71 指令加工如图 4.4 所示的工件，并编写加工程序。

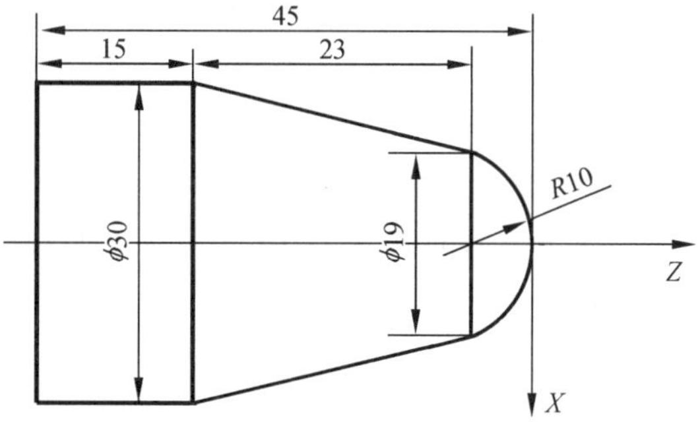

图 4.4

基于广州数控系统程序（O0071）如下：

N10	G00 X100 Z100	N110	Z－45
N20	S650 M03	N120	G00 X100 Z100
N30	T0101（外圆车刀）	N130	M05
N40	G00 X32 Z2	N140	M00
N50	G71 U1.5 R1	N150	S1000 M03
N60	G71 P70 Q100 U0.5 W0 F100	N160	T0101
N70	G00 X0	N170	G00 X32 Z2
N80	G01 Z0 F80	N180	G70 P70 Q110
N90	G03 X19 Z－7 R10	N190	G00 X100 Z100 M05
N100	G01 X30 Z－30	N200	M30

基于华中数控系统程序（O0071）如下：

N10	G00 X100 Z100	N110	G00 X0
N20	S650 M03	N120	G01 Z0 F80
N30	T0101（外圆车刀）	N130	G03 X19 Z－7 R10
N40	G00 X32 Z2	N140	G01 X30 Z－30
N50	G71 U1.5 R1 P110 Q150 X0.5 Z0 F100	N150	Z－45
N60	M05	N160	G00 X100 Z100 M05
N70	M00	N170	G70 P70 Q110
N80	S1000 M03	N180	G00 X100 Z100 M05
N90	T0101	N190	M30
N100	G00 X32 Z2		

4.9.2　G71 复合指令使用的注意事项有哪些？

G71 复合指令使用的注意事项有：

（1）只能够加工 X、Z 轴单调增加或单调减小的工件。

（2）精加工第一段只能出现 X 方向的数值，不能出现 Z 方向的数值。

（3）精车程序只能使用 G00、G01、G02、G03 等指令。

4.9.3　G72 复合指令的格式是什么？能实现什么样的加工功能？

1. G72——端面粗车循环（广州数控系统）

格式：G72　W__ R__；

　　　G72　P__ Q__ U__ W__ F__；

其中：G72　W__ R__；

　　　W__：Z 轴方向每次循环进刀量，$W<$ 刀宽值；

　　　R__：X 轴方向每次循环退刀量；

　　　G72　P__ Q__ U__ W__ F__；

　　　P__：描述精加工轨迹程序的第一个程序段序号；

　　　Q__：描述精加工轨迹程序最后一个程序段序号；

　　　U__：X 轴方向的精加工余量，用直径表示，有方向性和正负值；

　　　W__：Z 轴方向的精加工余量，用直径表示，有方向性和正负值；

　　　F__ 切削速度（进给速度）。

2. G72——端面粗车循环的走刀特点（见图 4.5）

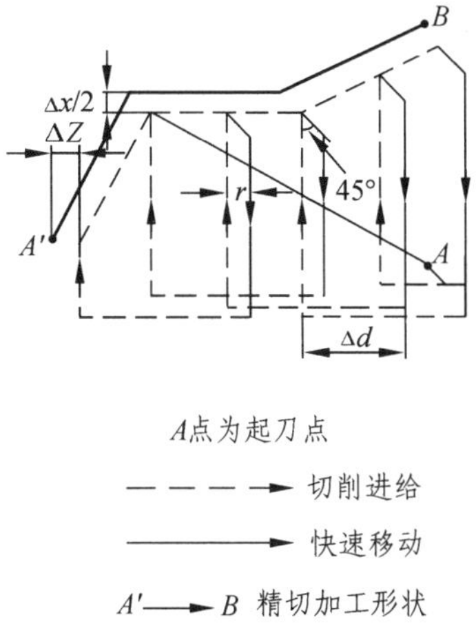

图 4.5

3. G72——端面粗车循环的加工路线（见图 4.6）

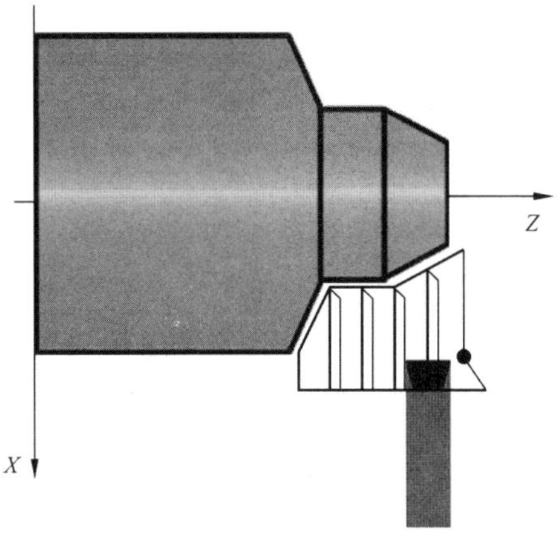

图 4.6

【例题 4.2】　使用 G72 指令加工如图 4.7 所示的工件，并编写加工程序。

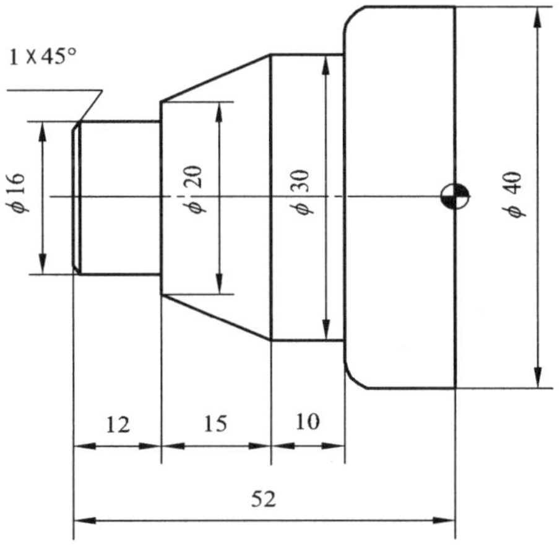

图 4.7

加工程序（O0072）如下：

N10	G00 X80 Z60	N100	G01 X30 F30
N20	M3 S600	N110	Z-25
N30	T0202（刀宽 4mm 切断刀）	N120	X20 Z－40
N40	G00 X42 Z－52	N130	X16
N50	G72 W3 R0.5	N140	Z－51
N60	G72 P70 Q140 U0.3 W0.2 F50	N150	X14 Z－52
N70	G00 Z－12	N160	G70 P70 Q140
N80	G01 X40 F30	N170	G00 X80 Z60 M05
N90	G03 X34 Z－15 R3 F30	N180	M30

4.9.4 G72 复合指令使用的注意事项有哪些？

G72 复合指令使用的注意事项有：

（1）只能加工 *X*、*Z* 轴单调增加或单调减小的工件。

（2）精车轨迹程序第一段只能出现 *Z* 方向的数值，不能出现 *X* 方向的数值。

（3）精车程序只能使用 G00、G01、G02、G03 等指令。

4.9.5 如何合理地选择切削三要素？

1. 切削用量三要素

切削用量三要素是指：切削深度 a_p、进给速度（进给量）v_f、切削速度 v_c。

（1）切削深度 a_p

对于车削加工来说，切削深度 a_p（背吃刀量）是在与主运动和进给运动方向相垂直的方向上度量的已加工表面与待加工表面之间的距离，单位为 mm，计算式为：

$$a_p = (d_w - d_m)/2$$

式中 d_m——已加工表面直径，mm；

d_w——待加工表面直径，mm。

切削深度应根据工件的加工性质选择，通常分为粗车加工（加工表面粗糙度 *R*a80 ~ *R*a10 mm）和精车加工（加工表面粗糙度 *R*a10 ~ *R*a1.25 mm）。

（2）进给速度 v_f、进给量 f

进给速度 v_f：切削刃上选定点相对于工件的进给运动瞬时速度，mm/min。

进给量 f：刀具在进给运动方向上相对于工件的位移量，用刀具或工件每转或每行程的位移量来表述，单位为 mm/r，计算式为：

$$v_f = nf$$

进给速度 v_f（进给量 f）应根据机床的有效功率和转矩，机床进给机构传动链的强度，工件的刚性，刀具的强度与刚性，工件加工表面粗糙度选择。

（3）切削速度 v_c

切削速度 v_c 是刀具切削刃上选定点相对于工件的主运动瞬时线速度。由于切削刃上各点的切削速度可能是不同，计算时常用最大切削速度代表刀具的切削速度，单位为 m/min。当主运动为回转运动时，切削速度 v_c 的计算式为：

$$v_c = \pi dn/1\,000$$

式中　d——切削刃上选定点的回转直径，mm；

n——主轴的转速，r/min。

2. 切削用量的合理选择

在确定了刀具几何参数后，还需选定切削用量参数才能进行切削加工。

目前许多工厂是通过切削用量手册、实践总结或工艺实验来选择切削用量。制定切削用量时应考虑加工余量，刀具耐用度、机床功率、表面粗糙度、刀具刀片的刚度和强度等因素。

（1）粗车切削用量的选择

对于粗加工，在保证刀具一定耐用度前提下，要尽可能提高在单位时间内的金属切除量，提高切削用量都能提高金属切削量，但是考虑到切削用量对刀具耐用度的影响程度，所以，在选择粗加工切削用量时，应优先选用大的背吃刀，其次选较大的进给量，最后根据刀具耐用度选定一个合理的切削速度，这样选择可减少切削时间，提高生产率。背吃刀量应根据加工余量和加工系统的刚性确定。

（2）精加工切削用量的选择

选择精加工或半精工切削用量的原则是在保证加工质量的前提下，兼顾必要的生产率。进给量根据工件表面粗糙度的要求来确定。精加工时切削速度一般采用高速切削。

（3）切削加工参数选择参考值（见表 4.1）

表 4.1　切削加工参考表

材质	加工方式	白钢刀			硬质合金刀		
铝材	粗车	$U=1\sim1.5$	$v=50\sim100$	$f=0.2\sim0.4$			
	半精车	$U=0.2\sim0.4$	$v=50\sim100$	$f=0.1\sim0.2$			
	精车	$U=0.1\sim0.2$	$v\geqslant100$	$f=0.05\sim0.1$			
	切槽		$v=50\sim100$	$f=0.02\sim0.04$			
	车螺纹	$s\leqslant1\,600/P-80$		$f=P$			
普通钢材	粗车	$U=0.5\sim1$	$v=25\sim50$	$f=0.15\sim0.25$	$U=1\sim1.5$	$v=50\sim100$	$f=0.2\sim0.4$
	半精车	$U=0.2\sim0.4$	$v=25\sim50$	$f=0.1\sim0.2$	$U=0.5\sim0.8$	$v=50\sim100$	$f=0.1\sim0.2$
	精车	$U=0.1\sim0.2$	$v\leqslant25$	$f=0.05\sim0.1$	$U=0.4\sim0.5$	$v\geqslant100$	$f=0.05\sim0.1$
	切槽		$v=50\sim100$	$f=0.02\sim0.04$		$v=50\sim100$	$f=0.02\sim0.04$
	车螺纹	$s\leqslant1\,600/P-80$		$f=P$	$s\leqslant1\,600/P-80$		$f=P$

注：① U：每次进刀量（mm），s：主轴转速（r/min），f：进给量（mm/r），P：螺距，v：切削速度（m/min）；

② $s=1\,000v/\pi d$ 或 $s\approx318v/d$，d：工件直径（mm）；

③ 进给量（mm/min）＝主轴转速（r/min）×进给量（mm/r）。

3. 切削三要素的确定

用白钢刀加工直径为 ϕ25 mm 的铝合金零件，$s_{粗}$ = ________r/min，$s_{精}$ = ________r/min，$U_{粗}$ = ________mm，$U_{精}$ = ________mm，$f_{粗}$ = ________mm/min，$f_{精}$ = ________mm/min。

4.9.6 如何正确使用外径千分尺?

1. 千分尺的使用

千分尺是一种应用螺旋测微原理制成的量具，属于螺旋测微量具。它们的测量精度比游标卡尺高，并且测量比较灵活，因此，当加工精度要求较高时多被应用。常用的螺旋读数量具是读数值为 0.01 mm 的千分尺。目前，车间里大量使用的是读数值为 0.01 mm 的各类千分尺，如图 4.8 所示。

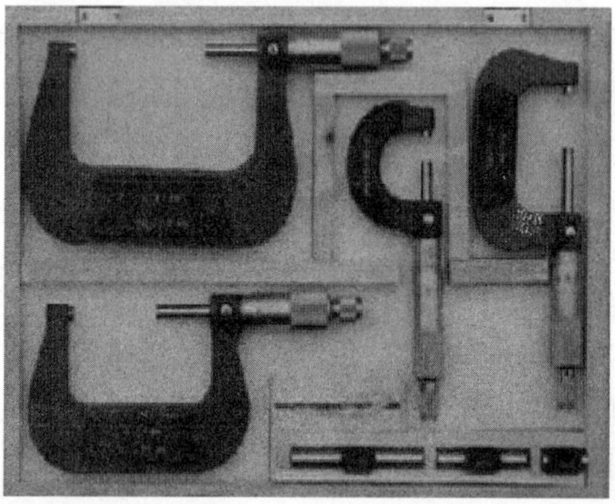

图 4.8 外径千分尺

各种千分尺的结构大同小异，以外径千分尺为例，常用外径千分尺是用以测量或检验零件的外径、凸肩厚度以及板厚或壁厚等。

千分尺由尺架、测微头、测力装置和制动器等组成。图 4.9 所示为测量范围为 0 ~ 25 mm 的外径千分尺。尺架的一端装着固定测砧，另一端装着测微头。固定测砧和测微螺杆的测量面（活动测砧）上都镶有硬质合金，以提高测量面的使用寿命。尺架的两侧面覆盖着绝热板

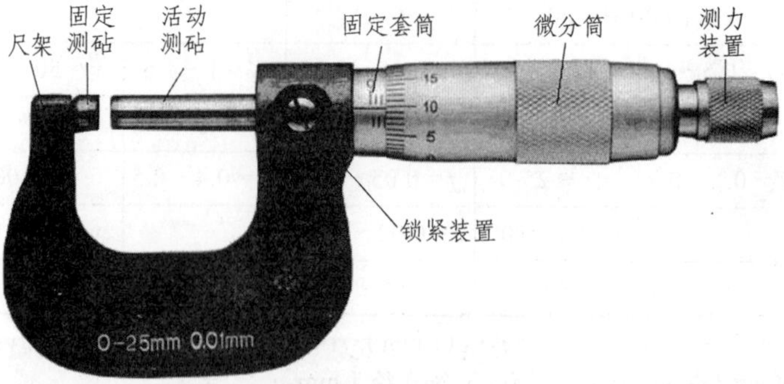

图 4.9 0 ~ 25 mm 外径千分尺

（标牌），使用千分尺时，手拿在绝热板上，防止人体的热量影响千分尺的测量精度。

操作提示：使用千分尺测量零件时，如图 4.10、图 4.11 所示，要使测微螺杆与零件被测量的尺寸方向一致。如测量外径时，测微螺杆要与零件的轴线垂直，不要歪斜。测量时，可在旋转测力装置的同时，轻轻地晃动尺架，使测砧面与零件表面接触良好。

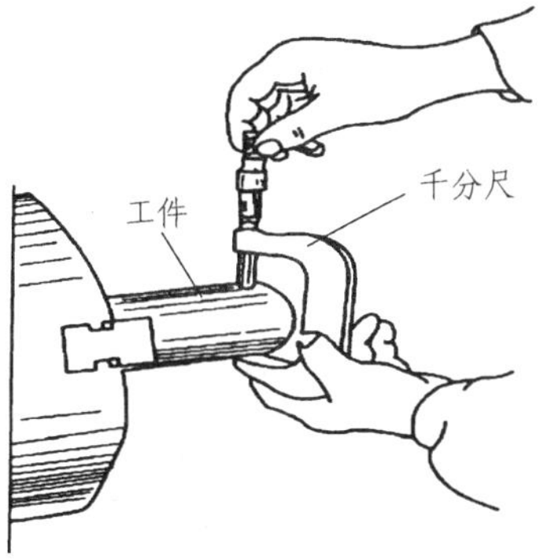

图 4.10　在车床上使用外径千分尺的方法

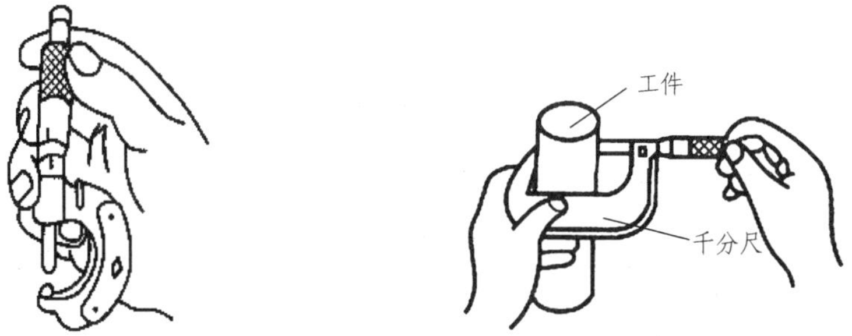

（a）单手测量，握千分尺的姿势　　（b）用测量较大直径工件

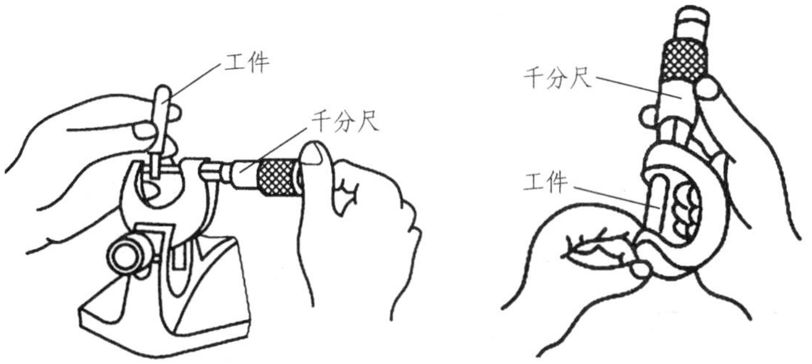

（c）用千分尺固定架测量工件　　（d）测量小直径工件

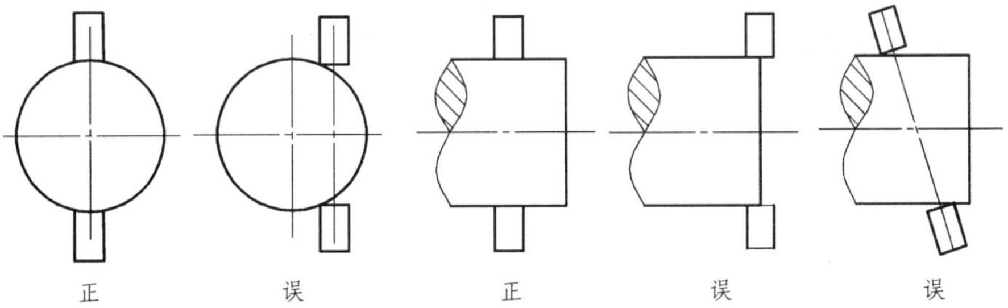

图 4.11　用外径千分尺测量尺寸的方法

2. 外径千分尺的读数

机械式内外径千分尺，其读数机构均为微分筒式读数方式。常规的在固定套筒上读出整毫米数和 0.5 mm，其余小数部分在微分筒上读取。微分筒的丝杆螺距为 0.5 mm，微分筒转一圈为 0.5 mm，在微分筒上进行 50 细等分后，即得到微分筒的分度值：0.01 mm，因此，0.1 mm 和 0.01 mm 小数都要在微分筒上读取。测量读数方法为固定套筒读数加上微分筒读数，如图 4.12 所示，固定套筒读数为 8 mm，微分筒读数为 $38 \times 0.01\ \text{mm} = 0.38\ \text{mm}$，测量尺寸为 $8\ \text{mm}+0.38\ \text{mm} = 8.38\ \text{mm}$。

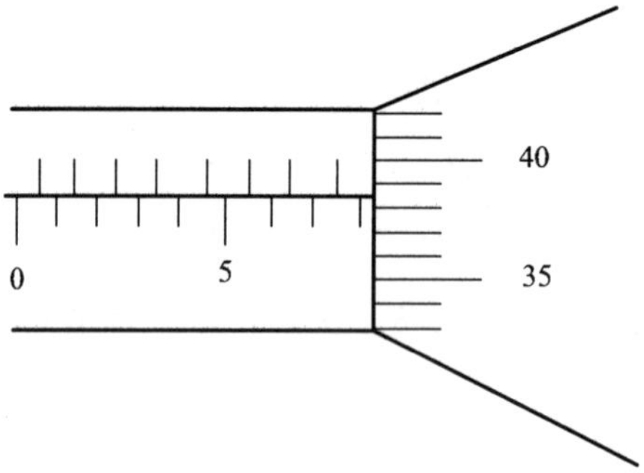

图 4.12

完成如图 4.13 所示的外径千分尺的读数。

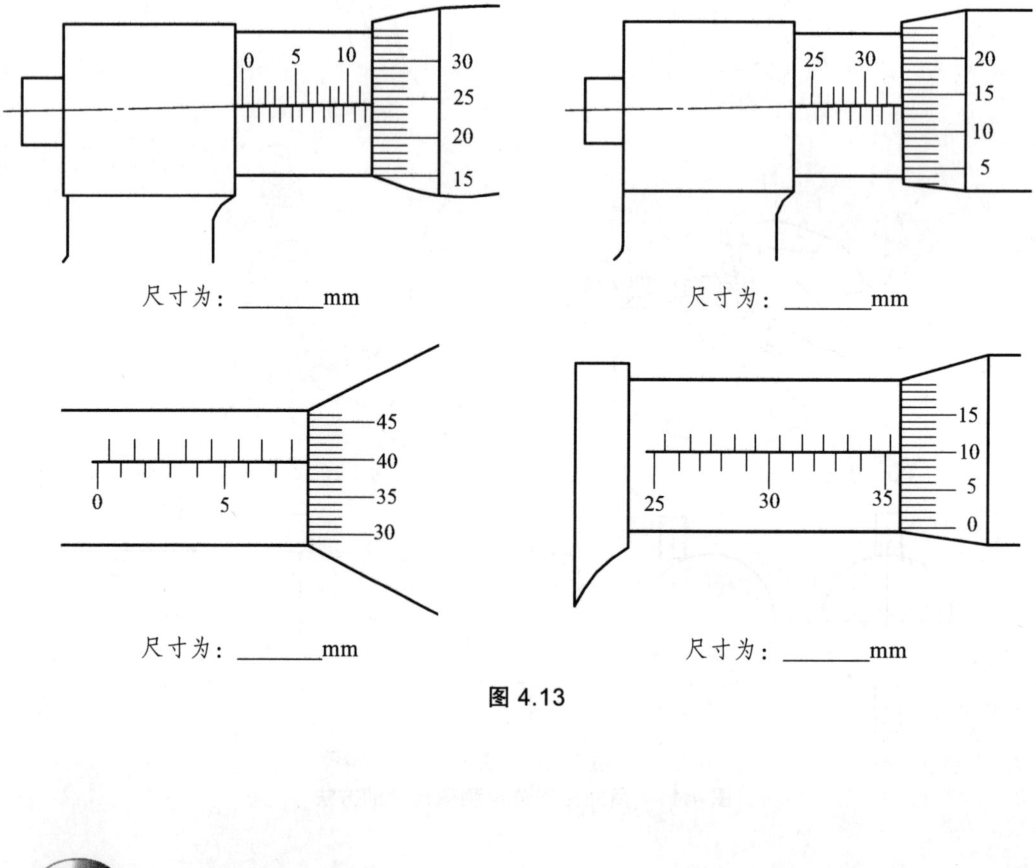

尺寸为：_______mm　　尺寸为：_______mm

尺寸为：_______mm　　尺寸为：_______mm

图 4.13

学习任务5　外连接套零件加工

组别：＿＿＿＿＿　组长（A）：＿＿＿＿＿　组员（B）：＿＿＿＿＿　组员（C）：＿＿＿＿＿

任务描述

外连接套零件在直单向阀连接器中与阀芯和辅助弹簧连接，是直单向阀连接器跟外部连接的重要零件，外连接套零件的加工主要由外形加工、切槽加工、外螺纹加工、内孔加工及切断组成，加工的难点是保证零件的整体质量，具体的加工要求如图 5.1 所示。

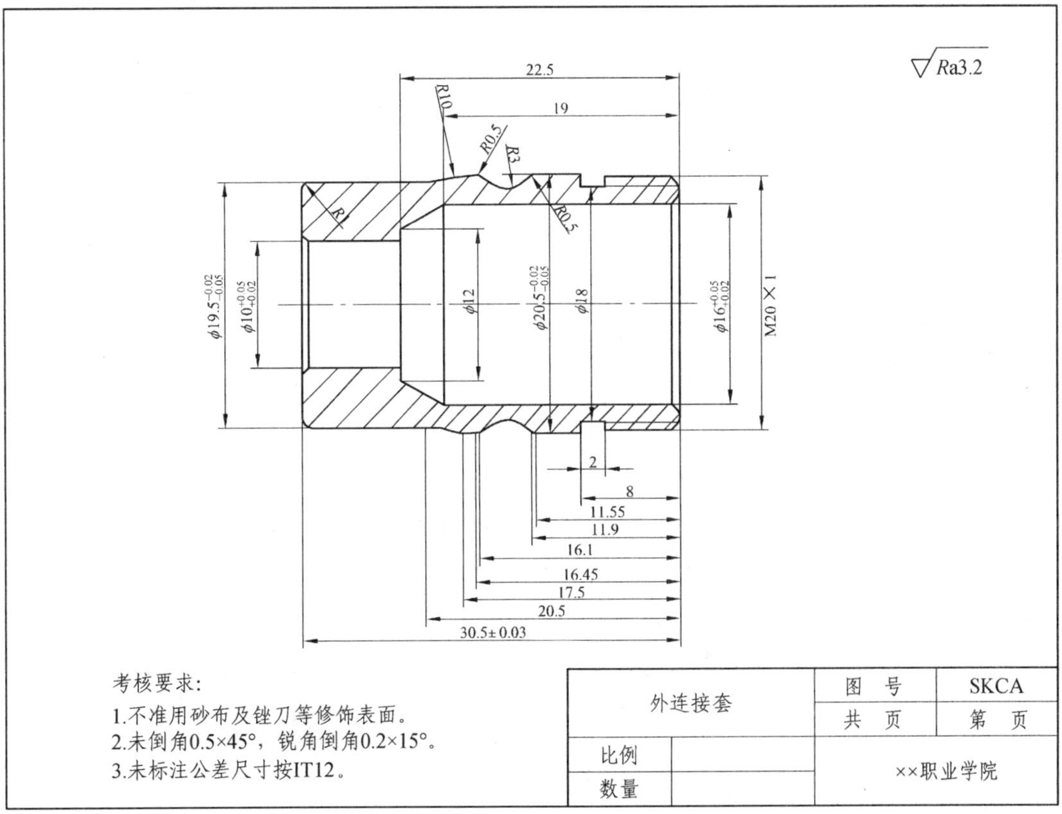

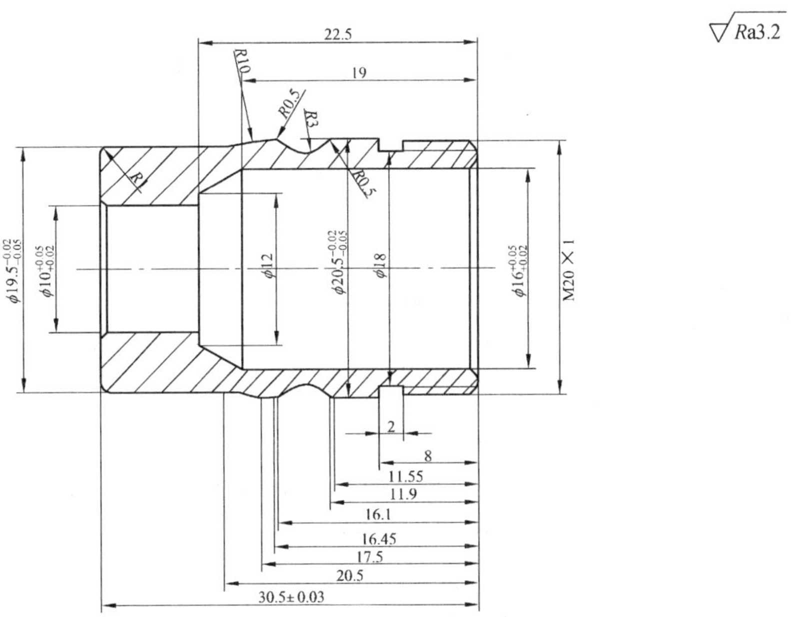

考核要求：

1.不准用砂布及锉刀等修饰表面。

2.未倒角0.5×45°，锐角倒角0.2×15°。

3.未标注公差尺寸按IT12。

外连接套		图　号	SKCA
		共　页	第　页
比例		××职业学院	
数量			

图 5.1

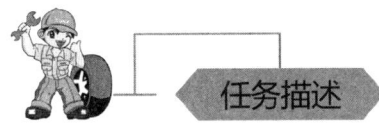

学习目标

（1）能叙述 G02、G03 指令的格式及功能。
（2）能叙述用 G71 指令用于内孔编程与用于外圆编程的区别。
（3）能叙述 G73 指令的格式、功能及加工特点。
（4）能叙述圆球成形的作用。
（5）能用内径千分尺检测内孔尺寸。
（6）能安全规范操作数控车床完成零件的加工及检测。
（7）能分析出现质量问题的原因并提出改进方法。

任务结构

外连接套零件加工

- 一、明确任务
- 二、模拟加工
  - （1）可行性分析
    - ①分许工作任务的主要加工内容。
    - ②选择加工备料方案，并说明所选择备料方案的优缺点。
    - ③设计零件加工时的装夹方案，并画出装夹简图。
    - ④选择装夹时所用的夹具。
    - ⑤选择加工时所用的刀量具，并说明理由，同时填写刀具、工具清单。
    - ⑥选择加工时所用的量具，并说明理由，同时填写量具清单。
    - ⑦选择 $R3$ 圆弧的加工方法，并说明理由。
    - ⑧查阅资料，解决编写加工程序困难。
  - （2）安排加工工艺，填写加工工艺卡。
  - （3）编写加工程序，填写加工程序单。
  - （4）零件仿真加工。
- 三、真实加工
  - （1）按刀具、工具清单，量具清单领取刀具、工具、量具。
  - （2）开机前检查。
  - （3）程序录入。
  - （4）程序校验。
  - （5）刀具安装及对刀。
  - （6）首件零件加工、检零件质量，如有质量问题，进行质量分析，提出解决问题的方法。
  - （7）结合首件零件加工的情况，如有质量问题，改进加工方法，进行第二件零件加工，检测零件质量，如仍有质量问题，继续进行质量分析，提出解决问题的方法。
  - （8）结合前两件零件加工的情况，进行第三件零件加工，检测零件质量，对本次零件加工进行总结，设计批量生产的加工方案。
  - （9）按“6S”要求进行整理。
- 四、评价反馈

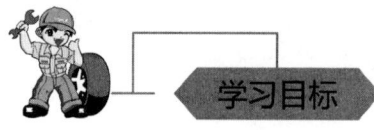

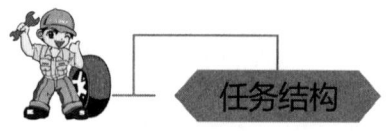

一、明确任务

了解外连接套零件的功能及使用价值，分析工作任务的主要加工内容，清楚完成任务所需的知识，明确完成任务的流程。

二、模拟加工

（1）可行性分析。

认真阅读图纸，深入思考、仔细分析解决以下问题，并确定能否完成此任务。

① 零件的主要加工内容有哪些？

序号	加 工 内 容
1	
2	
3	
4	
5	
6	
7	
8	
9	
10	

② 零件加工流程是怎样的？

_______→_______→_______→_______→_______→_______→_______→_______→_______→_______→_______→_______

③ 选择什么样的夹具，并说明选择理由。（可多选）

A. 普通三爪卡盘（　　）　　B. 普通四爪卡盘（　　）

C. 可实现自动送料的液压卡盘（　　）　　D. 其他夹具（　　）

④ 选择什么样的备料方案，并说明理由。

A. $\phi25\times35$（　　）　　B. $\phi20.5\times35$（　　）

C. $\phi25\times500$（　　）　　D. $\phi20.5\times500$（　　）

E. 自定义材料尺寸（　　）

⑤ 设计零件加工装夹方案，并画出装夹简图。

装 夹 方 案 简 图

⑥ 选择所要使用的刀具、工具，并说明每种刀具、工具的用途，并填写工、量具清单附件 5.3。（注：成形圆弧刀的使用可查阅附件 5.9“学习资料”）

	95° 	
A. 外圆车刀（　　）	B. 内孔镗刀（　　）	C. 成形圆弧刀（　　）
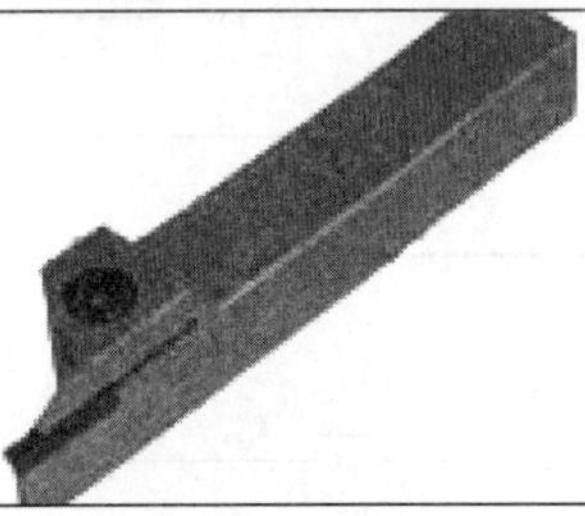	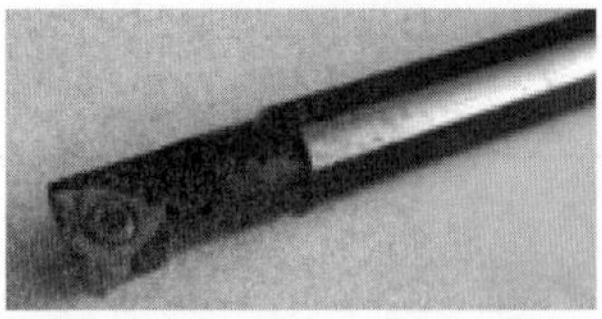	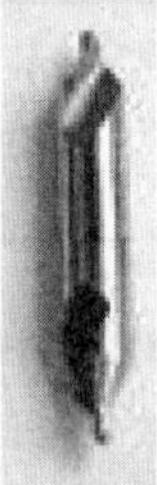
D. 外圆切槽刀（　　）	E. 内孔螺纹刀（　　）	F. 中心钻（　　）
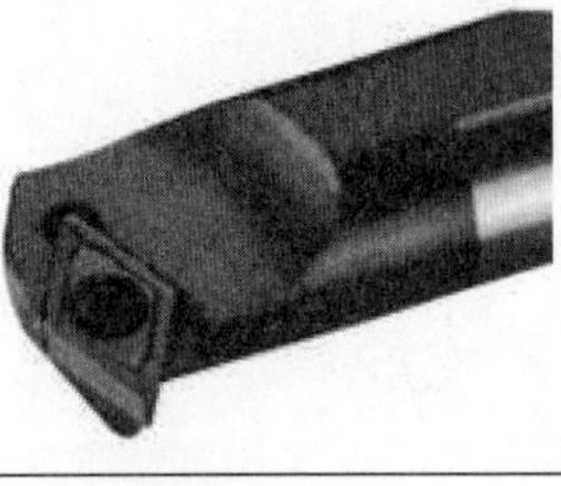	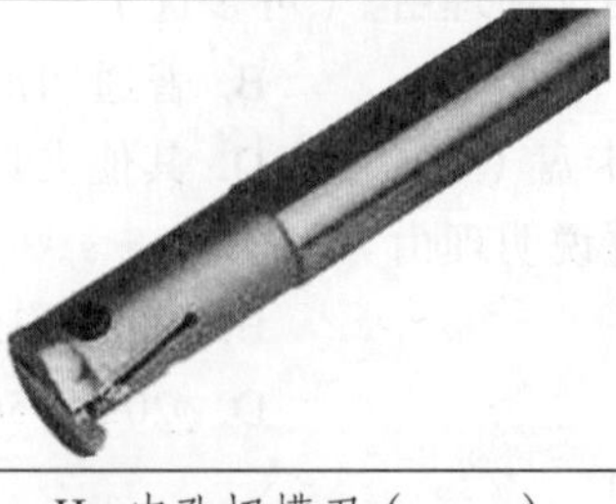	
G. 内孔镗刀（　　）	H. 内孔切槽刀（　　）	I. 麻花钻头（　　）

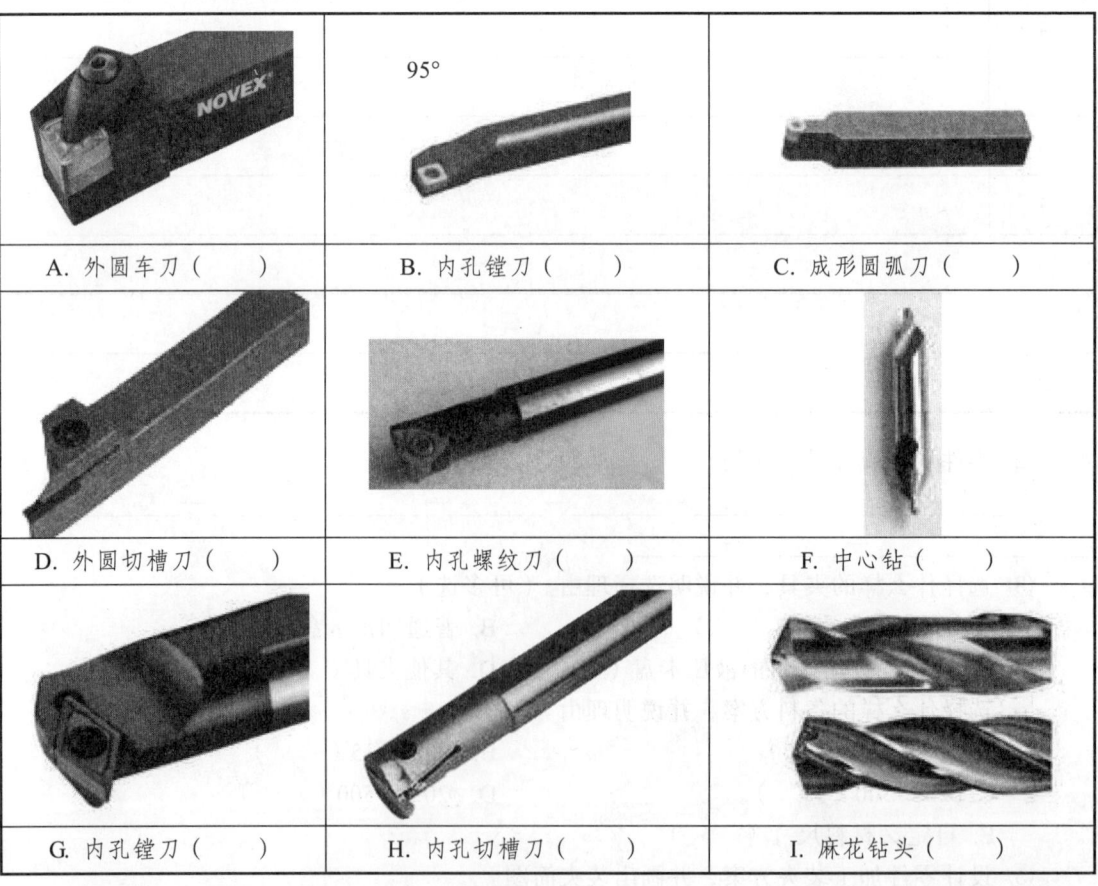

⑦ 确定所要使用的量具，并说明每种量具的用途，并填写工、量具清单（见附件 5.3）。

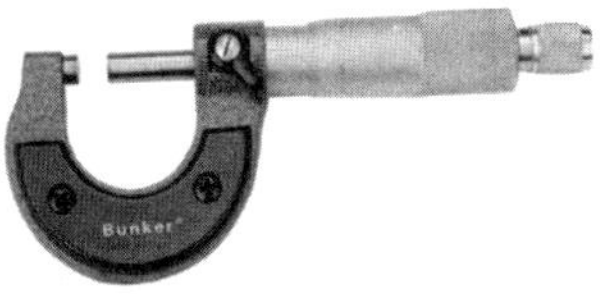	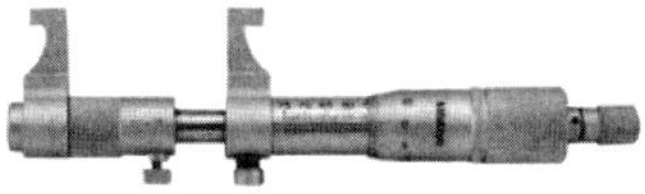	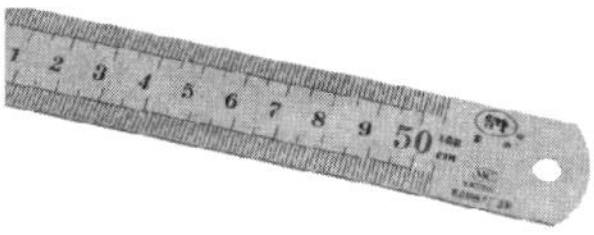
A. 外径千分尺（　　）	B. 内径千分尺（　　）	C. 钢直尺（　　）

D. 游标卡尺（　　）	E. 圆弧半径样规（　　）	F. 万能角度尺（　　）

G. 螺纹中径千分尺（　　）	H. 螺纹环规（　　）	I. 螺纹塞规（　　）

⑧ 选择 $R3$ 圆弧的加工方法，并说明理由。（注：成形圆弧刀的使用可查阅附件 5.9“学习资料”）

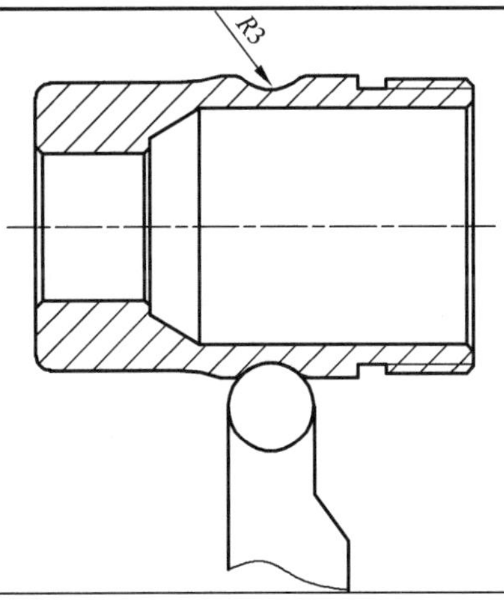	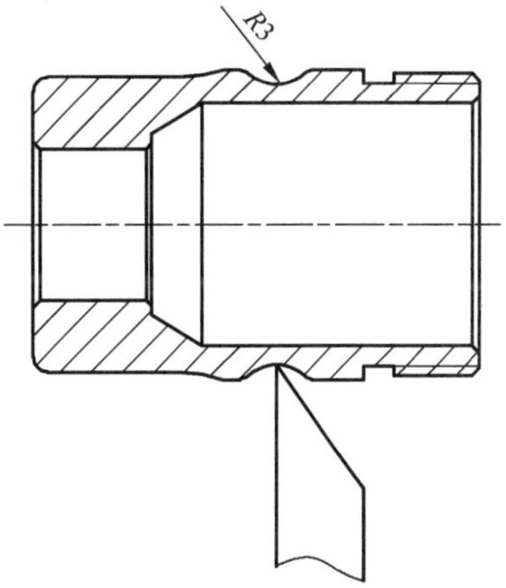
A. 用成形圆弧加工（　　）	B. 用普通外圆刀加工（　　）
C. 自设加工方法（　　）	

（2）填写加工工艺卡（见附件 5.1）。

（3）填写加工程序单（见附件 5.2）。

（4）零件仿真加工。

三、真实加工

工作过程记录表

序号	内容	工作要求	分工情况（签名确认）
1	填写工、量具清单（见附件 5.3）	根据加工内容，讨论、确定完成加工要用的工、量具，并填写工、量具清单	组长（A）: 组员（B）: 组员（C）:
2	领取工、量具	根据填写的工、量具清单，领取工、量具	组长（A）: 组员（B）: 组员（C）:
3	开机前检查	根据附件 2.8 的要求进行开机前检查	组长（A）: 组员（B）: 组员（C）:
4	程序录入	把编写好的程序录入到操作系统中，并进行核对是否有录入错误	主要完成者（A）: 审核者（B）: 终审者（C）:
5	程序校验	对录入完毕的程序进行校验，通过对仿真图的观察判断程序对错，如发现错误及时进行修改，直到程序能达到加工要求，并进行核对	主要完成者（B）: 审核者（C）: 终审者（A）:
6	刀具安装及对刀，填写刀具安装记录表（见附件 5.4）	根据加工需求安装刀具，进行对刀填写刀具安装记录表	主要完成者（C）: 审核者（A）: 终审者（B）:
7	首件零件加工	控制机床完成首件零件加工，尽量使零件达到质量要求	主要完成者（A）: 辅助者（B）: 辅助者（C）:
8	首件零件质量检测，填写质量检测记录表（见附件 5.5）	思考问题：零件中的圆弧部分用什么量具进行检测？并陈述所用量具的使用方法。（注：圆弧半径样规的用途及使用方法可查阅附件 5.9“学习资料”） 同组三位同学分别对首件零件进行检测，判断零件是否合格，如不合格，找出质量问题，进行质量问题的原因分析，并提出质量问题的解决方法，填写质量检测记录表	主要完成者（A）: 复检者（B）: 终检者（C）:
9	第二件零件加工	结合首件加工的情况，如有质量问题，提出解决问题方法，控制机床完成第二件零件加工，使零件达到质量要求	主要完成者（B）: 复检者（C）: 终检者（A）:

续表

工作内容（项目）序号	内容	工作要求	分工情况（签名确认）
10	第二件零件质量检测，填写质量检测记录表（见附件5.6）	同组三位同学分别对第二件零件进行检测，判断零件是否合格，如不合格，找出质量问题，进行质量问题的原因分析，并提出质量问题的解决方法，填写质量检测记录表	主要完成者（B）: 复检者（C）: 终检者（A）:
11	第三件零件加工	结合前两件加工的情况，如仍有质量问题，继续提出问题的解决方法，控制机床完成第三件零件加工，使零件达到质量要求	主要完成者（C）: 复检者（A）: 终检者（B）:
12	第三件零件质量检测，填写质量检测记录表（见附件5.7）	同组三位同学分别对第三件零件进行检测，判断零件是否合格，对本次零件加工进行总结，体会批量生产的加工特点，设计批量生产加工方案，填写质量检测记录表	主要完成者（C）: 复检者（A）: 终检者（B）:
13	按“6S”要求进行整理	按“6S”要求进行整理，并在附件5.8内对已完成的项目打“√”	组长（A）: 组员（B）: 组员（C）:

四、评价反馈

学习任务“外连接套零件加工”评价表

评价项目	比重%	组长（A）	组员（B）	组员（C）
出勤情况	5	全勤□　缺席□	全勤□　缺席□	全勤□　缺席□
着装情况	5	按要求穿着□ 不按要求穿着□	按要求穿着□ 不按要求穿着□	按要求穿着□ 不按要求穿着□
设备使用安全情况	5	规范操作□ 违规操作□	规范操作□ 违规操作□	规范操作□ 违规操作□
工、量具摆放情况	5	按规定摆放□ 未按规定摆放□	按规定摆放□ 未按规定摆放□	按规定摆放□ 未按规定摆放□
机床保养情况	5	有保养机床□ 没有保养机床□	有保养机床□ 没有保养机床□	有保养机床□ 没有保养机床□
工、量具保养情况	5	有保养工、量具□ 没有保养工、量具□	有保养工、量具□ 没有保养工、量具□	有保养工、量具□ 没有保养工、量具□
工作页的填写	10			
沟通与合作	5			
解决问题能力	10			
零件质量	45			
成绩	100			

续表

总体评价（学习进步方面、今后努力方向）：
教师签名：________ 年____月____日

学习附件

附件 5.1

外连接套零件加工工艺卡

零件名称	外连接套	零件图号	Sc04	车　间	数控车床车间
工　种	数控车工	材　料	铝合金	设　备	广州数控 华中数控
耗　材	$\phi25\times35$		件　数	3 件	
零件示意图					

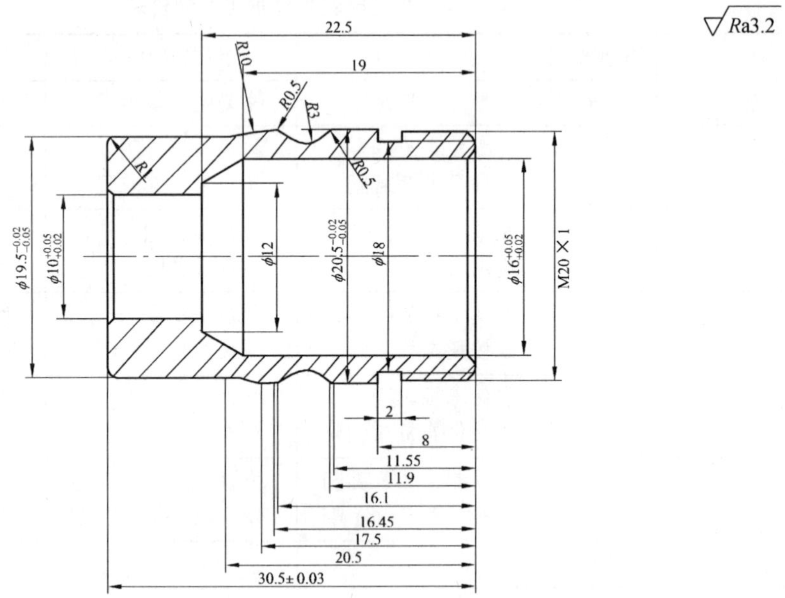

考核要求：

1.不准用砂布及锉刀等修饰表面。

2.未倒角0.5×45°，锐角倒角0.2×15°。

3.未标注公差尺寸按IT12。

外连接套		图　号	SKCA
		共　页	第　页
比例		××职业学院	
数量			

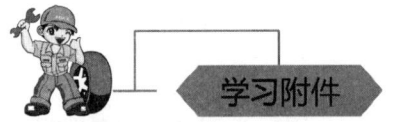

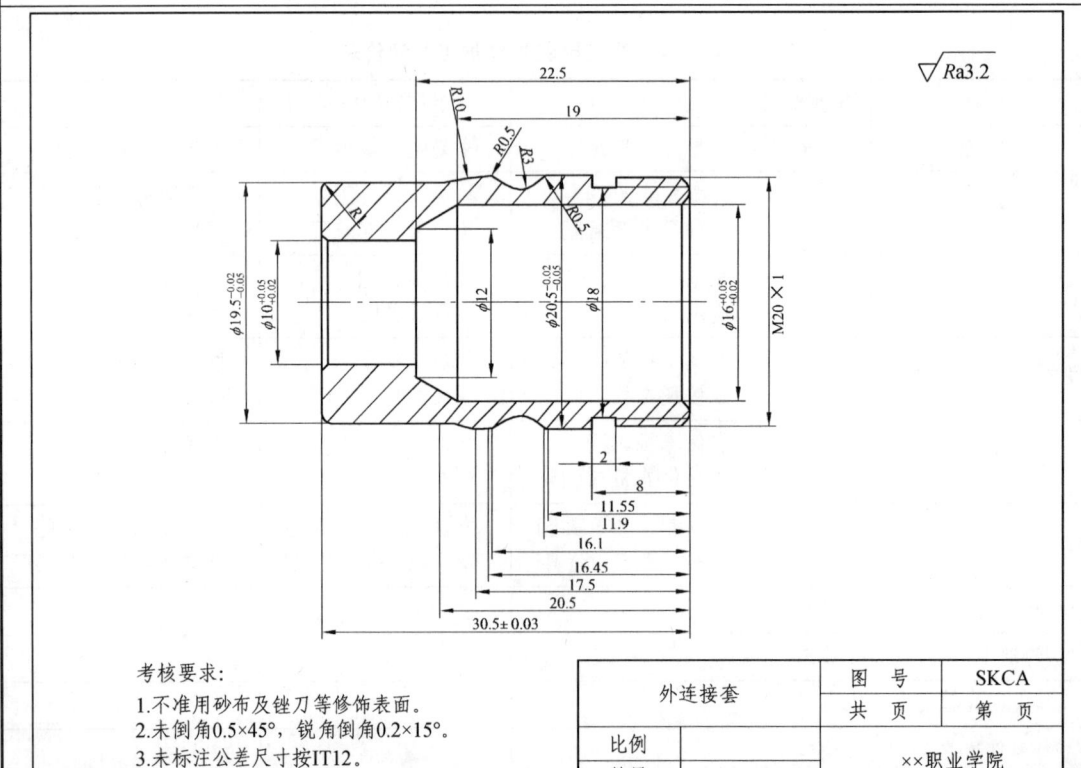

续表

序号	加 工 工 艺	刀具号	刀具类型	主轴转速（r/min）	进给速度（mm/min）	切削深度（mm）	备注
1							
2							
3							
4							
5							
6							
7							
8							
9							
10							
11							
主要完成者（A）:			审核者（B）:			终审者（C）:	

附件 5.2

外连接套零件加工程序单

续表

主要完成者（B）:	审核者（C）:	终审者（A）:

附件 5.3

工、量具清单

工、量具名称	规格	数量	备注	工、量具名称	规格	数量	备注
组长（A）:			组员（B）:			组员（C）:	

附件 5.4

刀具安装记录

序号	刀具号	刀具类型	对刀情况
1			正确□　　不正确□
2			正确□　　不正确□
3			正确□　　不正确□
4			正确□　　不正确□
5			正确□　　不正确□
6			正确□　　不正确□
7			正确□　　不正确□
8			正确□　　不正确□
组长（C）:		组员（A）:	组员（B）:

附件 5.5

首件零件质量检测记录表

<table>
<tr><td>工种</td><td colspan="2">数控车床</td><td>单位</td><td colspan="2"></td><td>姓名</td><td></td><td>额定时间</td><td></td></tr>
<tr><td>序号</td><td>考核项目</td><td colspan="3">考核内容及要求</td><td colspan="2">测量结果（A）</td><td colspan="2">测量结果（B）</td><td>测量结果（C）</td></tr>
<tr><td>1</td><td rowspan="3">外圆</td><td colspan="2">$19.5_{-0.05}^{-0.02}$</td><td>IT</td><td colspan="2"></td><td colspan="2"></td><td></td></tr>
<tr><td>2</td><td colspan="2">$20.5_{-0.05}^{-0.02}$</td><td>IT</td><td colspan="2"></td><td colspan="2"></td><td></td></tr>
<tr><td>3</td><td colspan="2">18</td><td>IT</td><td colspan="2"></td><td colspan="2"></td><td></td></tr>
<tr><td>4</td><td rowspan="2">内孔</td><td colspan="2">$10_{+0.02}^{+0.05}$</td><td>IT</td><td colspan="2"></td><td colspan="2"></td><td></td></tr>
<tr><td>5</td><td colspan="2">$16_{+0.02}^{+0.05}$</td><td>IT</td><td colspan="2"></td><td colspan="2"></td><td></td></tr>
<tr><td>6</td><td rowspan="2">长度</td><td colspan="2">30.5 ± 0.03</td><td>IT</td><td colspan="2"></td><td colspan="2"></td><td></td></tr>
<tr><td>7</td><td colspan="2">22.5</td><td>IT</td><td colspan="2"></td><td colspan="2"></td><td></td></tr>
<tr><td>8</td><td>槽</td><td colspan="2">2</td><td>IT</td><td colspan="2"></td><td colspan="2"></td><td></td></tr>
<tr><td>9</td><td rowspan="4">圆弧</td><td colspan="2">R10</td><td>IT</td><td colspan="2"></td><td colspan="2"></td><td></td></tr>
<tr><td>10</td><td colspan="2">R3</td><td>IT</td><td colspan="2"></td><td colspan="2"></td><td></td></tr>
<tr><td>11</td><td colspan="2">R1</td><td>IT</td><td colspan="2"></td><td colspan="2"></td><td></td></tr>
<tr><td>12</td><td colspan="2">R0.5（2 处）</td><td>IT</td><td colspan="2"></td><td colspan="2"></td><td></td></tr>
<tr><td>13</td><td>螺纹</td><td colspan="2">M18×1</td><td>IT</td><td colspan="2"></td><td colspan="2"></td><td></td></tr>
<tr><td>14</td><td>倒角</td><td colspan="2">3 处</td><td></td><td colspan="2"></td><td colspan="2"></td><td></td></tr>
<tr><td>15</td><td>粗糙度</td><td colspan="2">Ra1.6</td><td></td><td colspan="2"></td><td colspan="2"></td><td></td></tr>
<tr><td></td><td></td><td colspan="2"></td><td></td><td colspan="2"></td><td colspan="2"></td><td></td></tr>
<tr><td colspan="10">零件质量：合格□　　不合格□</td></tr>
<tr><td colspan="10">主要质量问题：</td></tr>
<tr><td colspan="10">出现问题的原因分析：</td></tr>
<tr><td colspan="10">问题的解决方法：</td></tr>
<tr><td colspan="10">主要完成者（A）:　　辅助者（B）:　　辅助者（C）:</td></tr>
</table>

附件 5.6

第二件零件质量检测记录表

<table>
<tr><td>工种</td><td>数控车床</td><td>单位</td><td colspan="2"></td><td>姓名</td><td></td><td>额定时间</td><td></td></tr>
<tr><td>序号</td><td>考核项目</td><td colspan="2">考核内容及要求</td><td colspan="2">测量结果（A）</td><td colspan="2">测量结果（B）</td><td>测量结果（C）</td></tr>
<tr><td>1</td><td rowspan="3">外圆</td><td>$19.5_{-0.05}^{-0.02}$</td><td>IT</td><td colspan="2"></td><td colspan="2"></td><td></td></tr>
<tr><td>2</td><td>$20.5_{-0.05}^{-0.02}$</td><td>IT</td><td colspan="2"></td><td colspan="2"></td><td></td></tr>
<tr><td>3</td><td>18</td><td>IT</td><td colspan="2"></td><td colspan="2"></td><td></td></tr>
<tr><td>4</td><td rowspan="2">内孔</td><td>$10_{+0.02}^{+0.05}$</td><td>IT</td><td colspan="2"></td><td colspan="2"></td><td></td></tr>
<tr><td>5</td><td>$16_{+0.02}^{+0.05}$</td><td>IT</td><td colspan="2"></td><td colspan="2"></td><td></td></tr>
<tr><td>6</td><td rowspan="2">长度</td><td>30.5±0.03</td><td>IT</td><td colspan="2"></td><td colspan="2"></td><td></td></tr>
<tr><td>7</td><td>22.5</td><td>IT</td><td colspan="2"></td><td colspan="2"></td><td></td></tr>
<tr><td>8</td><td>槽</td><td>2</td><td>IT</td><td colspan="2"></td><td colspan="2"></td><td></td></tr>
<tr><td>9</td><td rowspan="4">圆弧</td><td>R10</td><td>IT</td><td colspan="2"></td><td colspan="2"></td><td></td></tr>
<tr><td>10</td><td>R3</td><td>IT</td><td colspan="2"></td><td colspan="2"></td><td></td></tr>
<tr><td>11</td><td>R1</td><td>IT</td><td colspan="2"></td><td colspan="2"></td><td></td></tr>
<tr><td>12</td><td>R0.5（2 处）</td><td>IT</td><td colspan="2"></td><td colspan="2"></td><td></td></tr>
<tr><td>13</td><td>螺纹</td><td>M18×1</td><td>IT</td><td colspan="2"></td><td colspan="2"></td><td></td></tr>
<tr><td>14</td><td>倒角</td><td>3 处</td><td></td><td colspan="2"></td><td colspan="2"></td><td></td></tr>
<tr><td>15</td><td>粗糙度</td><td>Ra1.6</td><td></td><td colspan="2"></td><td colspan="2"></td><td></td></tr>
<tr><td></td><td></td><td></td><td></td><td colspan="2"></td><td colspan="2"></td><td></td></tr>
<tr><td colspan="9">零件质量：合格□　　不合格□</td></tr>
<tr><td colspan="9">主要质量问题：</td></tr>
<tr><td colspan="9">出现问题的原因分析：</td></tr>
<tr><td colspan="9">问题的解决方法：</td></tr>
<tr><td colspan="9">主要完成者（B）:　　　　辅助者（C）:　　　　辅助者（A）:</td></tr>
</table>

附件 5.7

第三件零件质量检测记录表

<table>
<tr><td>工种</td><td colspan="2">数控车床</td><td>单位</td><td colspan="2"></td><td>姓名</td><td>额定时间</td></tr>
<tr><td>序号</td><td>考核项目</td><td colspan="2">考核内容及要求</td><td>测量结果（A）</td><td>测量结果（B）</td><td colspan="2">测量结果（C）</td></tr>
<tr><td>1</td><td rowspan="3">外圆</td><td>$19.5^{-0.02}_{-0.05}$</td><td>IT</td><td></td><td></td><td colspan="2"></td></tr>
<tr><td>2</td><td>$20.5^{-0.02}_{-0.05}$</td><td>IT</td><td></td><td></td><td colspan="2"></td></tr>
<tr><td>3</td><td>18</td><td>IT</td><td></td><td></td><td colspan="2"></td></tr>
<tr><td>4</td><td rowspan="2">内孔</td><td>$10^{+0.05}_{+0.02}$</td><td>IT</td><td></td><td></td><td colspan="2"></td></tr>
<tr><td>5</td><td>$16^{+0.05}_{+0.02}$</td><td>IT</td><td></td><td></td><td colspan="2"></td></tr>
<tr><td>6</td><td rowspan="2">长度</td><td>30.5 ± 0.03</td><td>IT</td><td></td><td></td><td colspan="2"></td></tr>
<tr><td>7</td><td>22.5</td><td>IT</td><td></td><td></td><td colspan="2"></td></tr>
<tr><td>8</td><td>槽</td><td>2</td><td>IT</td><td></td><td></td><td colspan="2"></td></tr>
<tr><td>9</td><td rowspan="4">圆弧</td><td>$R10$</td><td>IT</td><td></td><td></td><td colspan="2"></td></tr>
<tr><td>10</td><td>$R3$</td><td>IT</td><td></td><td></td><td colspan="2"></td></tr>
<tr><td>11</td><td>$R1$</td><td>IT</td><td></td><td></td><td colspan="2"></td></tr>
<tr><td>12</td><td>$R0.5$（2 处）</td><td>IT</td><td></td><td></td><td colspan="2"></td></tr>
<tr><td>13</td><td>螺纹</td><td>M18×1</td><td>IT</td><td></td><td></td><td colspan="2"></td></tr>
<tr><td>14</td><td>倒角</td><td>3 处</td><td></td><td></td><td></td><td colspan="2"></td></tr>
<tr><td>15</td><td>粗糙度</td><td>$Ra1.6$</td><td></td><td></td><td></td><td colspan="2"></td></tr>
<tr><td></td><td></td><td></td><td></td><td></td><td></td><td colspan="2"></td></tr>
<tr><td colspan="8">零件质量：合格□　　不合格□</td></tr>
<tr><td colspan="8">加工小结：</td></tr>
<tr><td colspan="8">主要完成者（C）：　　辅助者（A）：　　辅助者（B）：</td></tr>
</table>

附件 5.8

按“6S”进行整理操作要求

操作步骤		完成状况
整理	1. 整理工作台内的物品	
	2. 整理模具工作台的物品	
	3. 检查机床工具盒内工具是否完全	
	4. 把不用的或垃圾扔掉	
整顿	1. 将机床工具盒内工具摆放整齐	
	2. 机床工具盒是否按位置摆放	
	3. 机床边上的工作台是否摆放整齐	
清扫	1. 清扫地板	
	2. 清扫工具盒	
	3. 清扫工作台	
	4. 清扫机床外表面	
	5. 清扫机床内部	
清洁	1. 检查机床是否有漏油	
	2. 保持工作场地的清洁	
素养	1. 在工场要求的着装是否做到	
	2. 每组的组员有否串岗	
安全	1. 打扫过程中各组员是否安全	
	2. 打扫过程中机床是否损坏	
	3. 机床是否正常启动	
	4. 机床急停按钮是否工作正常	
	5. 是否存在安全隐患	

附件 5.9

学习资料

5.9.1 G02、G03 圆弧指令的格式怎么样？两者有什么区别？

1. G02、G03——顺、逆时针圆弧插补

此指令广州数控与华中数控系统使用完全一致。

（1）用于前刀架数控车床时：G03 顺时针圆弧插补、G02 逆时针圆弧插补，如图 5.2、图 5.3 所示。

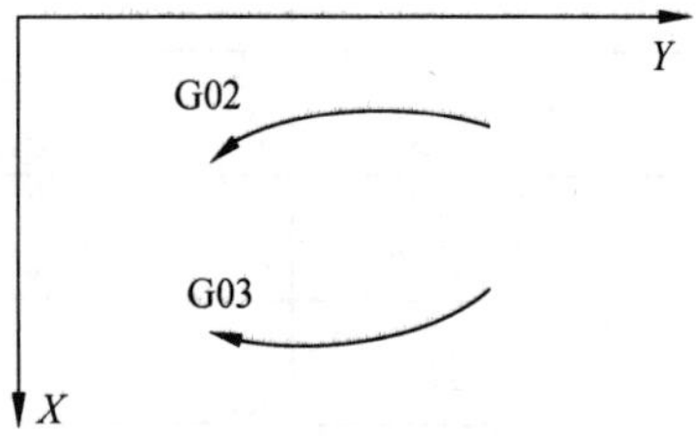

图 5.2 前刀架

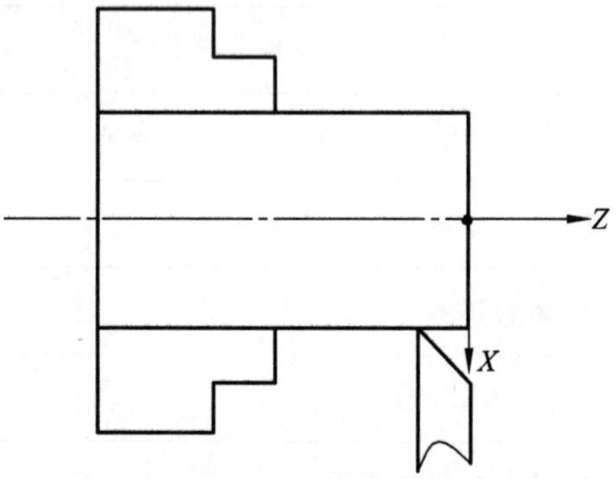

图 5.3 前刀架切削

（2）用于后刀架数控车床时：G02 顺时针圆弧插补、G03 逆时针圆弧插补，如图 5.4、图 5.5 所示。

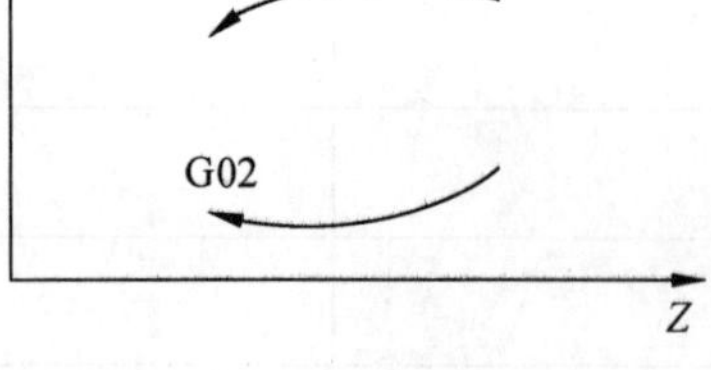

图 5.4 后刀架

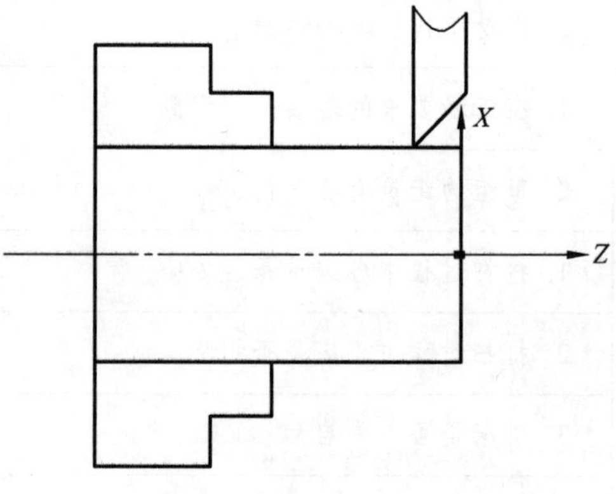

图 5.5 后刀架切削

格式：G02（G03）*X*__ *Z*__ *R*__ *F*__；

其中，*X*__ *Z*__：圆弧终点坐标；

*R*__：圆弧半径；

*F*__：进给速度。

2. 圆锥轴与圆弧轴零件的数控加工程序比较

圆锥轴	圆弧轴
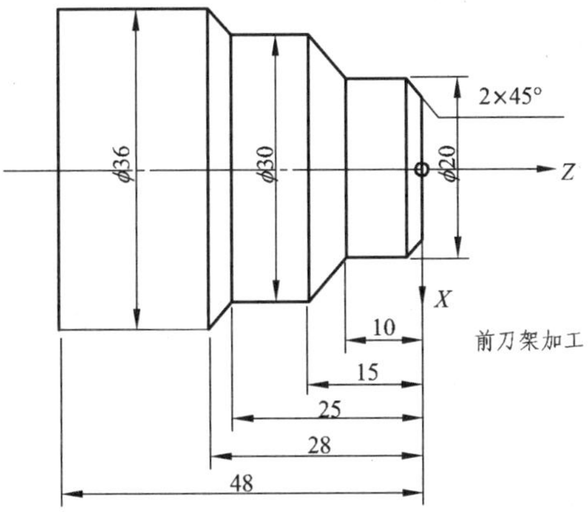	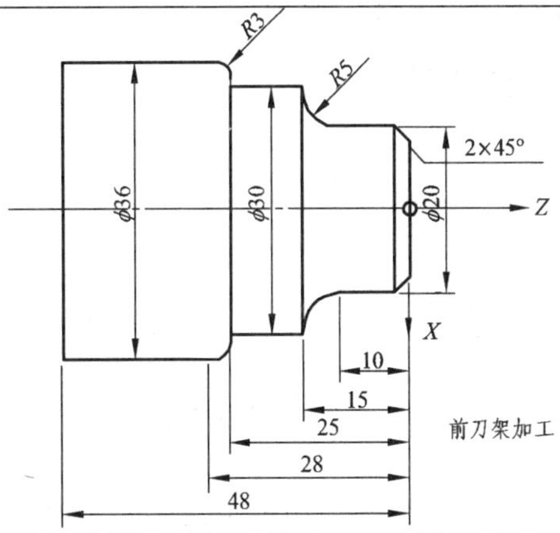
O0001	O0002
N10 T0101（外圆刀）	N10 T0101（外圆刀）
N20 G00 X100 Z100	N20 G00 X100 Z100
N30 M03 S800	N30 M03 S800
N40 G00 X42 Z2（毛坯φ40 mm）	N40 G00 X42 Z2（毛坯φ40 mm）
N50 G71 U1.5 R0.5	N50 G71 U1.5 R0.5
N60 G71 P70 Q 150 U0.5 W0 F100	N60 G71 P70 Q 150 U0.5 W0 F100
N70 G00 X0	N70 G00 X0
N80 G01 Z0 F60	N80 G01 Z0 F60
N90 G01 X16	N90 G01 X16
N100 G01 X20 Z－2	N100 G01 X20 Z－2
N110 G01 X20 Z－10	N110 G01 X20 Z－10
N120 G01 X30 Z－15	**N120 G02 X30 Z－15 R5**
N130 G01 X30 Z－25	N130 G01 X30 Z－25
N140 G01 X36 Z－28	**N140 G03 X36 Z－28 R3**
N150 G01 X36 Z－53	N150 G01 X36 Z－53
N160 M05	N160 M05
N170 M03 S1500	N170 M03 S1500
N180 T0101	N180 T0101
N190 G70 P70 Q150	N190 G70 P70 Q150
N200 G00 X100 Z100	N200 G00 X100 Z100
N210 M05	N210 M05
N220 M00	N220 M00
N230 M03 S500	N230 M03 S500

续表

N240 T0202（切断刀）	N240 T0202（切断刀）
N250 G00 X38 Z-51	N250 G00 X38 Z-51
N260 G01 X0 F30	N260 G01 X0 F30
N270 G00 X100	N270 G00 X100
N280 Z100	N280 Z100
N290 M30	N290 M30

问题解答 5.9.2 G71 复合指令用于内孔加工编程与用于外圆加工编程有什么区别?

外圆与内孔预留精加工余量的区别如图 5.6 所示。

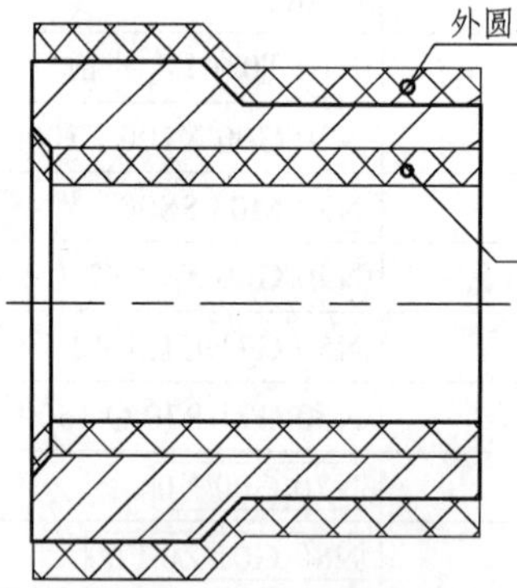

图 5.6

如图 5.6 所示，外圆所留的精加工余量在零件的外侧，内孔所留的精加工余量在零件的里侧，方向刚好相反。

【例题 5.1】 使用 G71 指令加工如图 5.7 所示的工件，钻孔为ϕ20 mm，并编写加工程序。

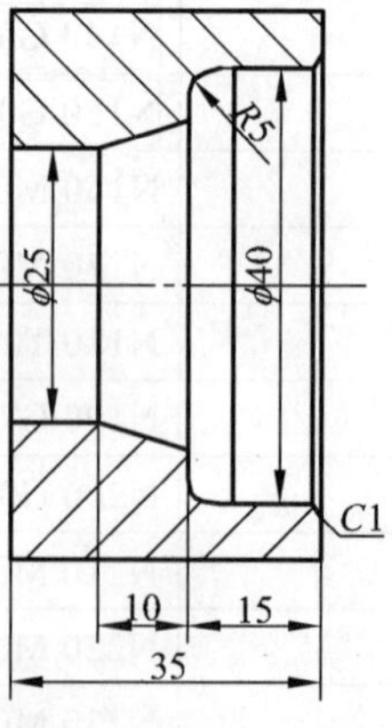

图 5.7

基于广州数控系统程序（O0071）如下：

N10	G00 X100 Z100	
N20	S650 M03	
N30	T0101（内孔镗刀）	
N40	G00 X19 Z2	
N50	G71 U1 R1	
N60	G71 P70 Q130 U-0.5 W0 F100	
N70	G00 X42	
N80	G01 Z0 F80	
N90	X40	
N100	Z－10	
N110	G03 X30 Z－15 R5	
N120	G01 X25 Z－25	
N130	Z－37	
N140	G00 X100 Z100	
N150	M05	
N160	M00	
N170	M03 S1000 T0101	
N180	G00 X19 Z2	
N190	G70 P70 Q130	
N200	G00 X100 Z100	
N210	M05 T0100	
N220	M30	

基于华中数控系统程序（O0071）如下：

N10	G00 X100 Z100	
N20	S650 M03	
N30	T0101（内孔镗刀）	
N40	G00 X19 Z2	
N50	G71 U1 R1 P110 Q170 X－0.5 Z0 F100	
N60	G00 X100 Z100	
N70	M05	
N80	M00	
N90	M03 S1000 T0101	
N100	G00 X19 Z2	
N110	G00 X42	
N120	G01 Z0 F80	
N130	X40	
N140	Z－10	
N150	G03 X30 Z－15 R5	
N160	G01 X25 Z－25	
N170	Z－37	
N180	G00 X100 Z100	
N190	M05 T0100	
N200	M30	

5.9.3 G73 复合指令的格式是什么？能实现什么样的加工功能？

1. G73——封闭切削循环（广州数控系统）

格式：G73 *U*__ *W*__ *R*__；

G73 *P*_ *Q*_ *U*_ *W*_ *F*__；

其中：G73 *U*__ *W*__ *R*__；

*U*__：*X* 方向的粗加工余量（用半径表示）；

*W*__：*Z* 方向的粗加工余量；

*R*__：循环切削次数，*R*1 表示 1 次。

G73 *P*__ *Q*__ *U*__ *W*__ *F*__；

*P*__：精加工程序第一段序号；

*Q*__：精加工程序最后一段序号；

*U*__：*X* 方向的精加工余量（用直径表示）；

*W*__：*Z* 方向的精加工余量；

*F*__：切削速度（进给速度）。

2. G73——封闭切削循环的走刀特点（见图 5.8）

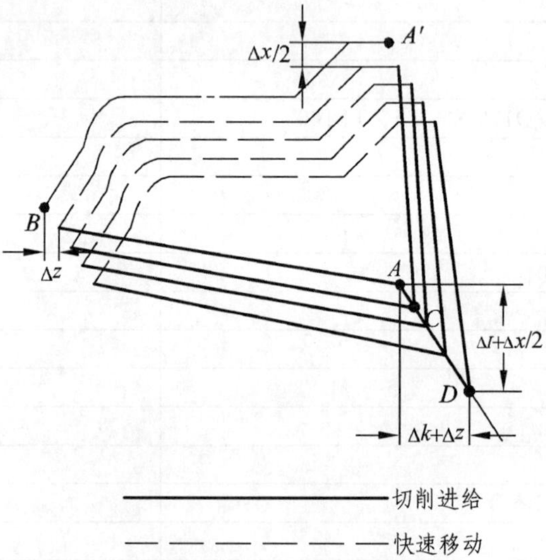

D 点为起刀点　*C* 到 *D* 段分为（*D*−1)分

A——►*A*′——►*B* 程序中的指令图形

图 5.8

3. G73——封闭切削循环的加工路线（见图 5.9）

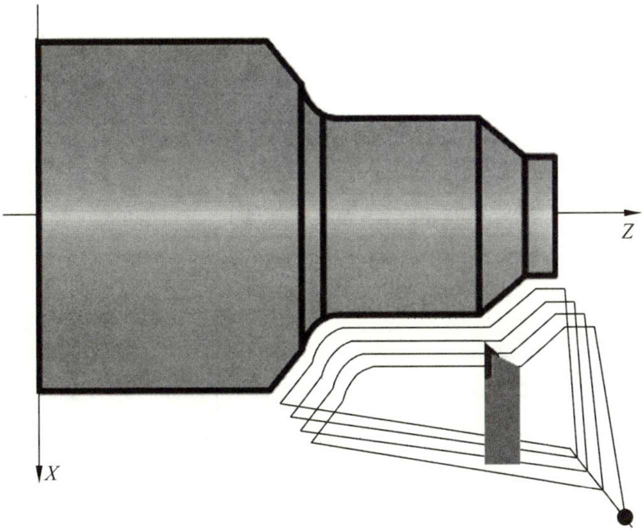

图 5.9

【例题 5.2】 使用 G73 指令加工如图 5.10 所示的工件，并编写加工程序。

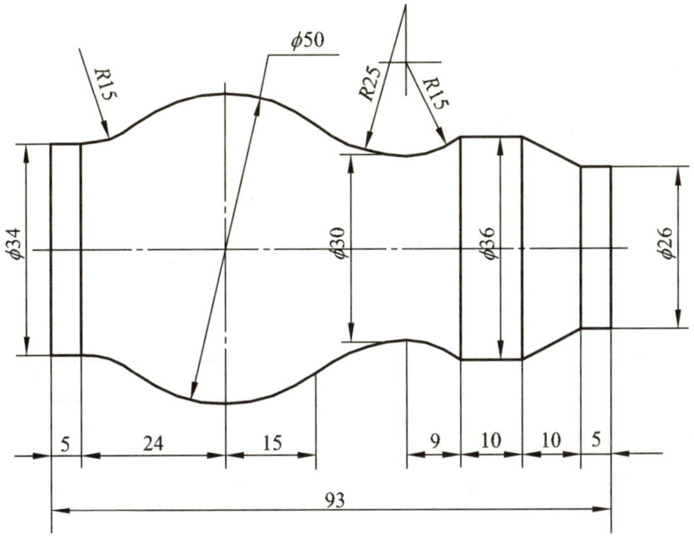

图 5.10

基于广州数控系统程序（O0073）如下：

N10	T0202	（外圆尖刀）
N20	G00 X80 Z80	
N30	S800 M03	
N40	G00 X52 Z2	
N50	G73 U12 W0 R10	
N60	G73 P70 Q150 U0.5 W0 F120	

续表

N70	G00 X16	
N80	G01 Z－5 F80	
N90	X36 Z－15	
N100	Z-25	
N110	G02 X30 W－9 R15 F80	
N120	G02 X40 W－15 R25 F80	
N130	G03 X40 W－30 R25 F80	
N140	G02 X34 W－9 R15 F80	
N150	G01 Z－98 F80	
N160	G00 X80 Z80 M05	
N170	S1500 M03 T0202	
N180	G00 X52 Z2	
N190	G70 P60 Z140	
N200	G00 X80 Z80 M05	
N210	M30	

基于华中数控系统程序（O0071）如下：

N10	T0202	（外圆尖刀）
N20	G00 X80 Z80	
N30	S800 M03	
N40	G00 X52 Z2;	
N50	G71 U1 R1 P60 Q140 X0.5 Z0 F120	
N60	G00 X80 Z80	
N70	M05	
N80	M00	
N90	M03 S1500	
N100	T0202	
N110	G00 X52 Z2;	
N120	G00 X16	
N130	G01 Z-5 F80	
N140	X36 Z-15	
N150	Z-25	
N160	G02 X30 Z－34 R15 F80	
N170	G02 X40 Z－49 R25 F80	
N180	G03 X40 Z－79 R25 F80	
N190	G02 X34 Z－88 R15 F80	
N200	G01 Z－98 F80	
N210	G00 X80 Z80 M05	
N220	T0100	
N230	M30	

问题解答

5.9.4　G73 复合指令使用的注意事项有哪些?

G73 复合指令使用的注意事项有:

（1）精加工程序段里只能有 G00、G01、G02、G03 等指令。

（2）第一段可同时出现 X、Z 方向的数值。

问题解答

5.9.5　成形圆弧刀有什么作用? 有什么情况下可以使用?

如图 5.11 所示，固定半径的圆弧形车刀可以用于车削固定半径的圆弧，圆弧形车刀另外的功用是：特别适用于车削各种光滑连接凹凸的曲面，如图 5.12 所示。但在数控加工中，应尽量少用或不用成形车刀，当确有必要时才考虑使用。

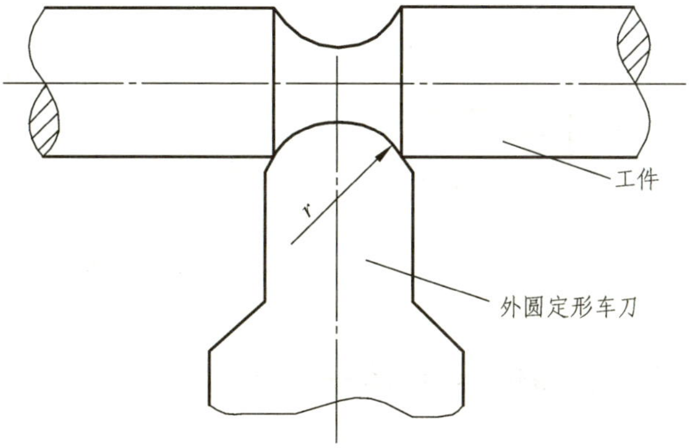

图 5.11

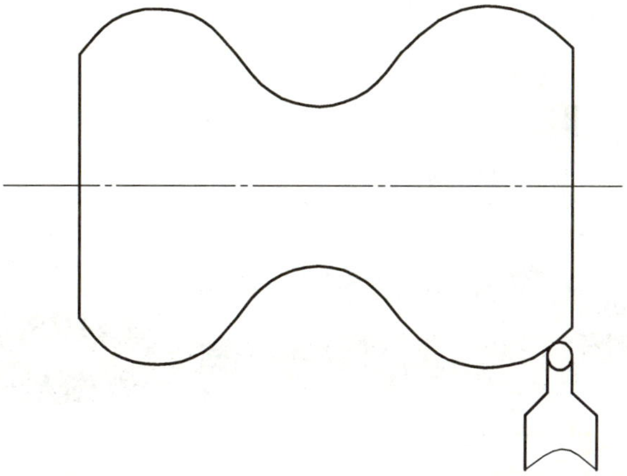

图 5.12

5.9.6 如何检测圆弧的质量?

图 5.13 所示为一套圆弧半径样规，一套圆弧半径样规中有用于检测凹圆弧的凸规和用于检测凸圆弧的凹规，每片规片有固定的圆弧半径，用于检测相同半径的圆弧。检测凹圆弧如图 5.14 所示，用于检测凸圆弧如图 5.15 所示。

图 5.13　圆弧半径样规

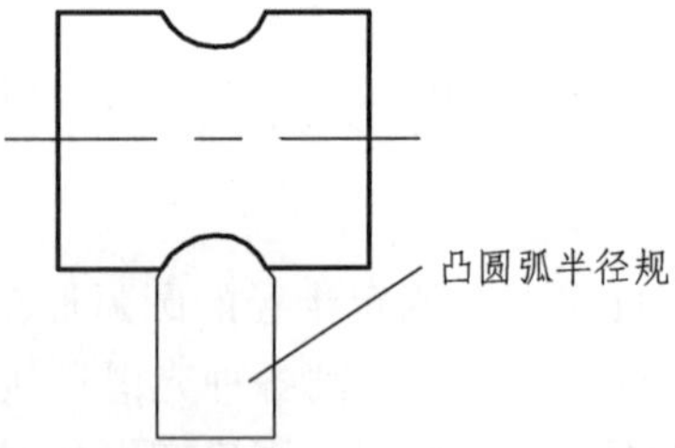

图 5.14

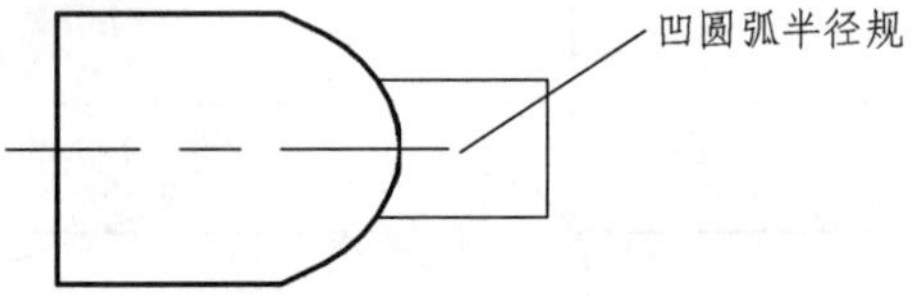

图 5.15

5.9.7 如何正确使用内径千分尺检测内孔尺寸?

1. 内径千分尺的结构

内径千分尺的主要结构如图 5.16 所示。

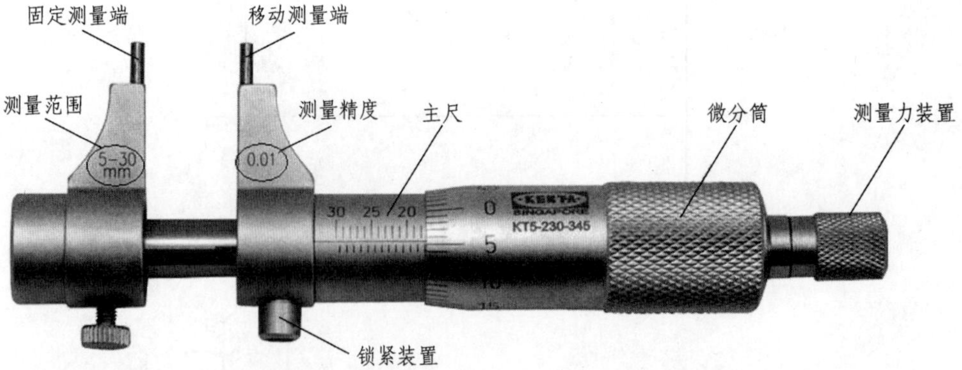

图 5.16　内径千分尺

2. 内径千分尺的使用方法

在使用内径千分尺测量内孔直径时，千分尺的固定测量端和移动测量端要保证在内孔的直径处，如图 5.17 所示。

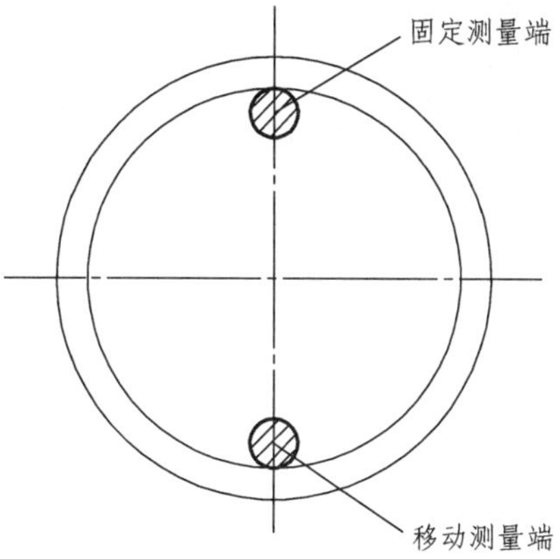

图 5.17

5.9.8 如何检测螺纹的质量?

问题解答

1. 螺纹中径千分尺认识及使用

螺纹中径千分尺是专用的螺纹检测量具，螺纹中径千分尺配有专用的测头，在一对测头中一个是 V 形测头，与牙型凸起部分相吻合，另一个是锥形测头，与牙型沟槽部分相吻合，如图 5.18 所示。螺纹中径千分尺配有一套可换测头，每对测头只能用来测量一定范围的螺纹，如图 5.19 所示。

用螺纹中径千分尺检测螺纹的步骤：

（1）根据螺纹螺距选取一头测头。

（2）装上测头并校准千分尺的零位。

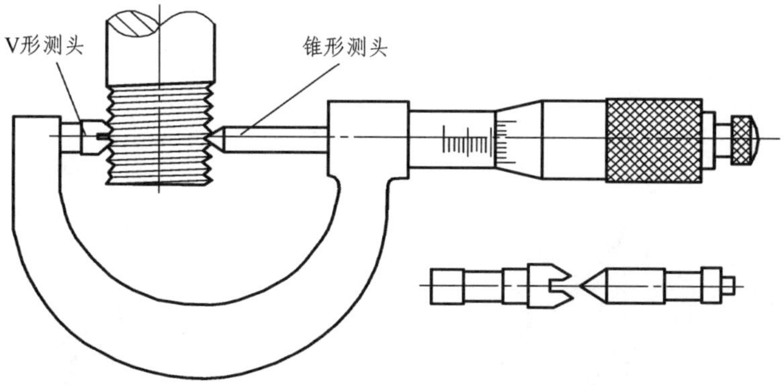

图 5.18

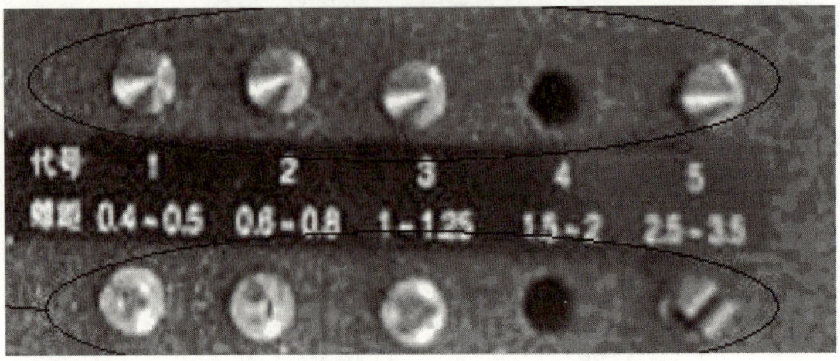

图 5.19

（3）将被测螺纹放入两测头之间，找正中径位置。

（4）分别在同一截面相互垂直的两个方向测量螺纹中径，取平均值作为螺纹的中径值。

2. 螺纹环规认识及使用

在检测外螺纹时还可以用环规进行检查，一套环规有一个通规和一个止规，在检测外螺纹是否合格时，先用通规跟已加工好的外螺纹旋合，如果通规与外螺纹能旋合，且旋入、旋出灵活，而改用止规时，止规不能完全与外螺纹旋合，只能旋进 2 ~ 3 个牙时，说明加工完的螺纹合格。如果通规不能旋进去，则螺纹还有加工余量，还需继续加工；如果止规也能完全旋进去，则螺纹的尺寸偏小，加工好的螺纹不合格。环规的通规与止规如图 5.20 所示。

（a）“T” 通规

（b）“Z” 止规

图 5.20

学习任务 6　直接头零件加工

组别：________　组长（A）：________　组员（B）：________　组员（C）：________

任务描述

直接头零件在直单向阀连接器中与外连接套和辅助弹簧连接，是直单向阀连接器跟外部进行螺纹连接的重要零件，直接头零件的加工主要由外形加工、外切槽加工、内切槽加工、外螺纹加工、内孔加工及内螺纹加工组成，加工的难点是保证零件的整体质量，具体的加工要求如图 6.1 所示。

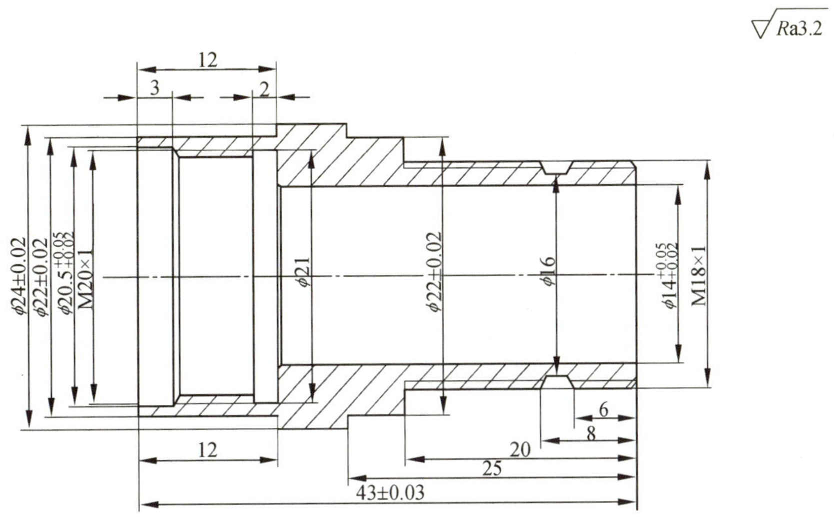

考核要求：

1.不准用砂布及锉刀等修饰表面。

2.未倒角0.5×45°，锐角倒角0.2×15°。

3.未标注公差尺寸按IT12。

直接头		图　号	SKCA
		共　页	第　页
比例		××职业学院	
数量			

图 6.1

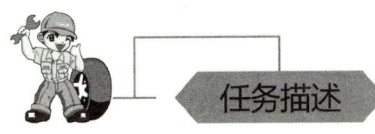

学习目标

（1）能叙述 G74、G75 指令的格式及功能。
（2）能叙述 G74、G75 指令的区别。
（3）能叙述加工薄壁零件的注意事项。
（4）能正确进行零件调头装夹并校正。
（5）能安全规范操作数控车床完成零件的加工及进行内螺纹检测。
（6）能分析出现质量问题的原因并提出改进方法。

任务结构

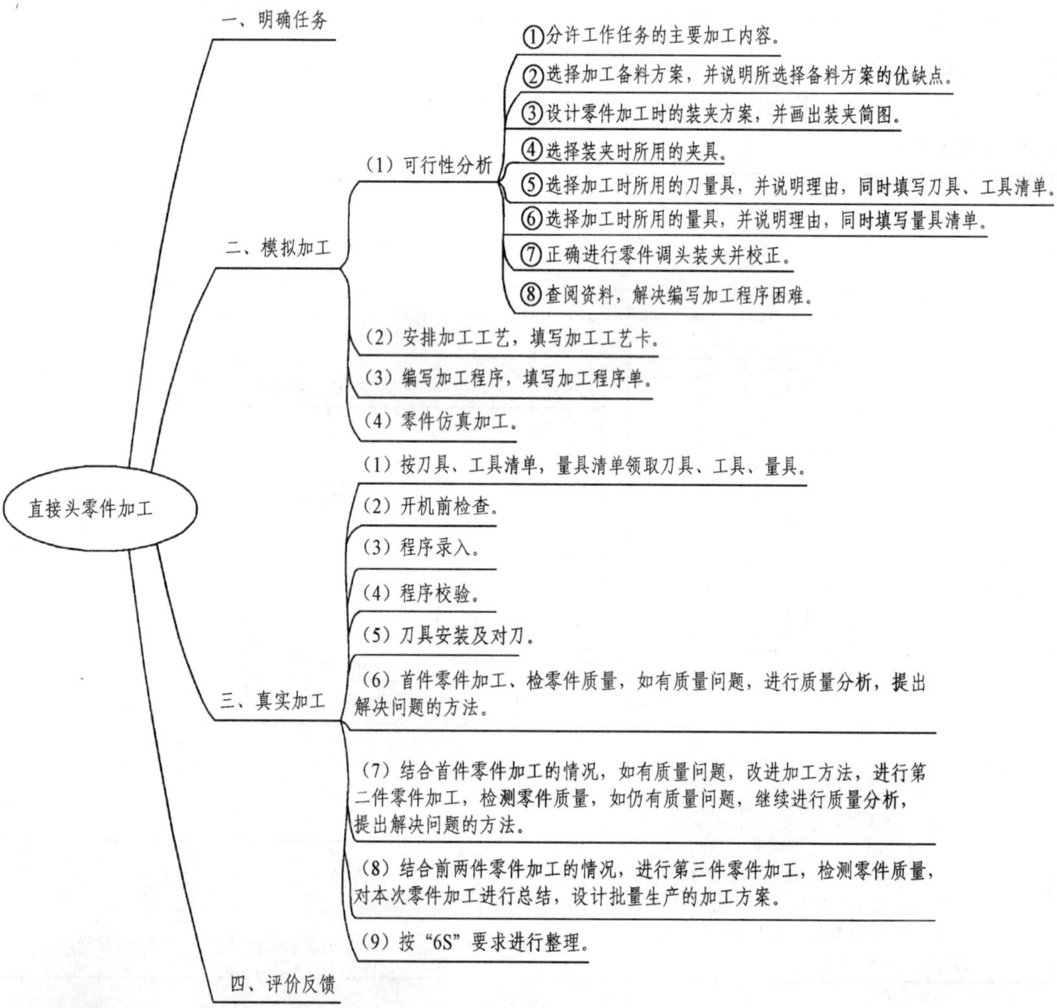

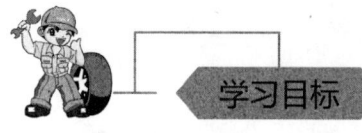

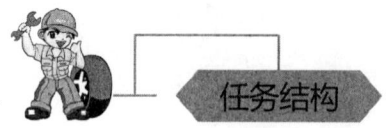

一、明确任务

了解直接头零件的功能及使用价值，分析工作任务的主要加工内容，清楚完成任务所需的知识，明确完成任务的流程。

二、模拟加工

（1）可行性分析。

认真阅读图纸，深入思考、仔细分析解决以下问题，并确定能否完成此任务。

① 零件的主要加工内容有哪些？

序号	加　工　内　容
1	
2	
3	
4	
5	
6	
7	
8	
9	
10	
11	
12	

② 零件加工流程是怎样的？

________→________→________→________→________→________→________→________→________→________→________→________

③ 选择什么样的夹具，并说明选择理由。（可多选）

A. 普通三爪卡盘（　　）　　B. 普通四爪卡盘（　　）

C. 可实现自动送料的液压卡盘（　　）　　D. 其他夹具（　　）

④ 选择什么样的备料方案，并说明理由。

A. $\phi 25\times 43$（　　）　　B. $\phi 25\times 45$（　　）

C. $\phi 25\times 500$（　　）　　D. $\phi 24\times 500$（　　）

E. 自定义材料尺寸（　　）

⑤ 设计零件加工装夹方案，并画出装夹简图。

装 夹 方 案 简 图

⑥ 选择所要使用的刀具、工具，并说明每种刀具、工具的用途，并填写工、量具清单（见附件 6.3）。

	 95°	
A. 外圆车刀（　　）	B. 内孔镗刀（　　）	C. 成形圆弧刀（　　）
	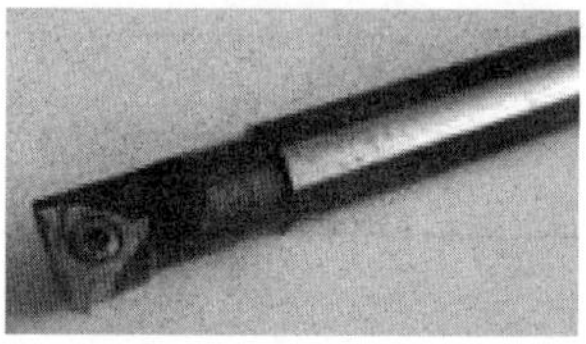	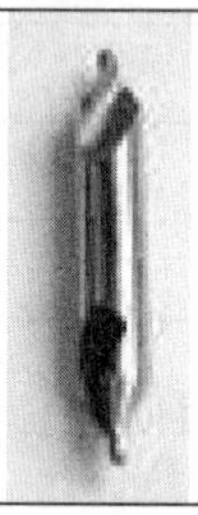
D. 外圆切槽刀（　　）	E. 内孔螺纹刀（　　）	F. 中心钻（　　）
	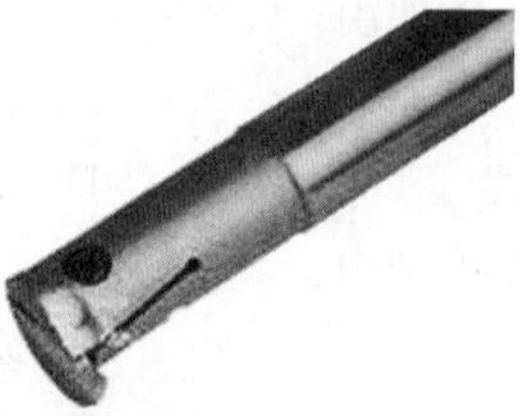	
G. 内孔镗刀（　　）	H. 内孔切槽刀（　　）	I. 麻花钻头（　　）

⑦ 确定所要使用的量具，并说明每种量具的用途，并填写工、量具清单（见附件 6.3）。

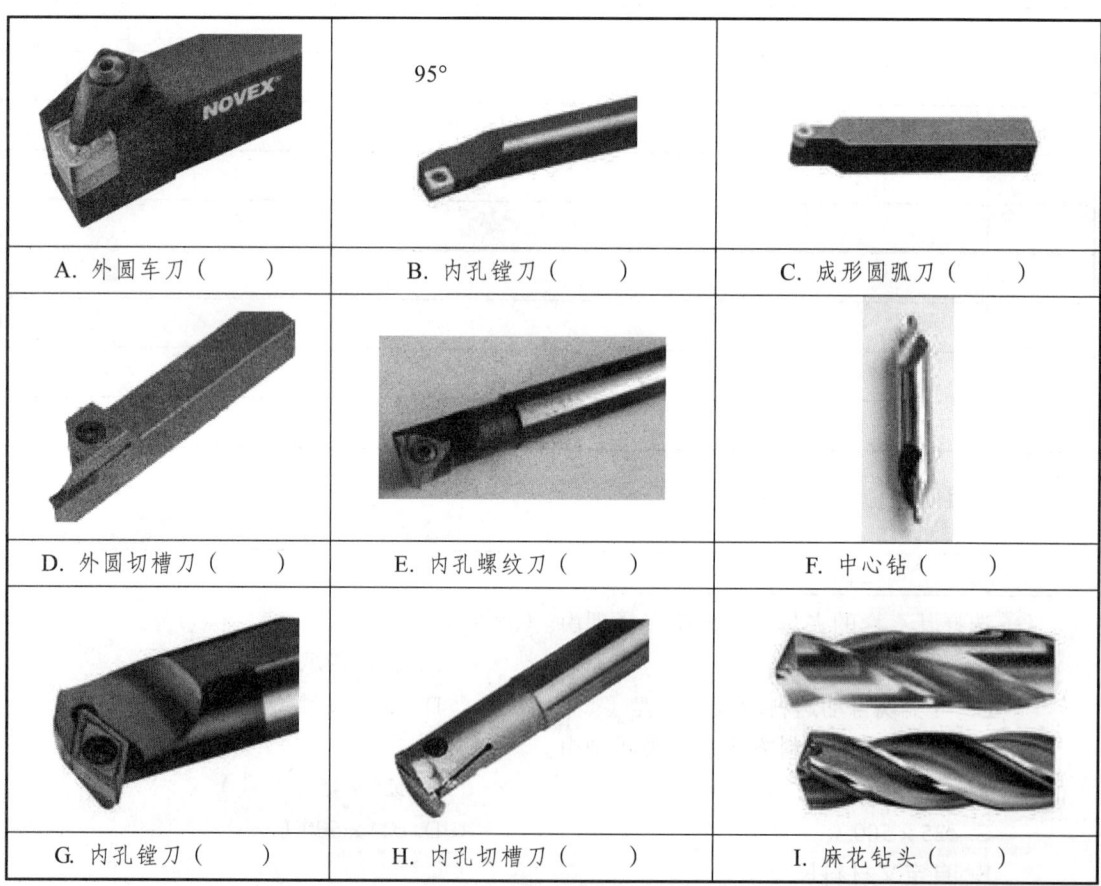

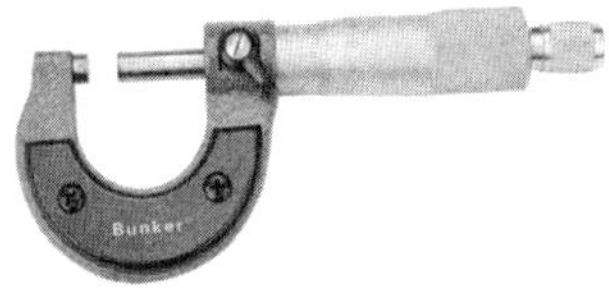	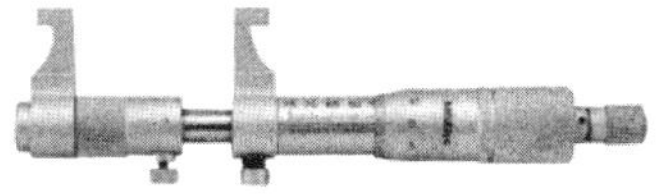	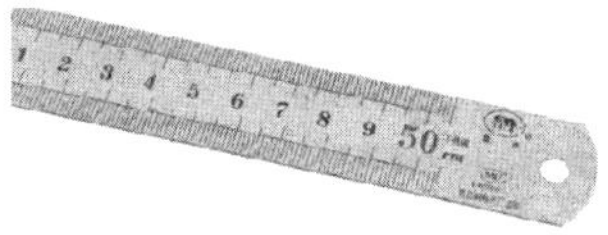
A. 外径千分尺（　　）	B. 内径千分尺（　　）	C. 钢直尺（　　）

D. 游标卡尺（　　）	E. 圆弧半径样规（　　）	F. 万能角度尺（　　）

G. 螺纹中径千分尺（　　）	H. 螺纹环规（　　）	I. 螺纹塞规（　　）

⑧ 如何正确进行零件调头装夹并校正？

（2）填写加工工艺卡（见附件6.1）。

（3）填写加工程序单（见附件6.2）。

（4）零件仿真加工。

三、真实加工

工作过程记录表

工作内容＼项目		工作要求	分工情况（签名确认）
序号	内容		
1	填写工、量具清单（见附件6.3）	根据加工内容，讨论、确定完成加工要用的工、量具，并填写工、量具清单	组长（A）： 组员（B）： 组员（C）：
2	领取工、量具	根据填写的工、量具清单，领取工、量具	组长（A）： 组员（B）： 组员（C）：
3	开机前检查	根据附件2.8的要求进行开机前检查	组长（A）： 组员（B）： 组员（C）：

续表

项目 工作内容 序号	内容	工作要求	分工情况 （签名确认）
4	程序录入	把编写好的程序录入到操作系统中，并进行核对是否有录入错误	主要完成者（B）: 审核者（C）: 终审者（A）:
5	程序校验	对录入完毕的程序进行校验，通过对仿真图的观察判断程序对错，如发现错误及时进行修改，直到程序能达到加工要求，并进行核对	主要完成者（C）: 审核者（A）: 终审者（B）:
6	刀具安装及对刀，填写刀具安装记录表（见附件 6.4）	根据加工需求安装刀具，进行对刀填写刀具安装记录表	主要完成者（A）: 审核者（B）: 终审者（C）:
7	首件零件加工	控制机床完成首件零件加工，尽量使零件达到质量要求	主要完成者（B）: 辅助者（C）: 辅助者（A）:
8	首件零件质量检测，填写质量检测记录表（见附件 6.5）	同组三位同学分别对首件零件进行检测，判断零件是否合格，如不合格，找出质量问题，进行质量问题的原因分析，并提出质量问题的解决方法，填写质量检测记录表	主要完成者（B）: 复检者（C）: 终检者（A）:
9	第二件零件加工	结合首件加工的情况，如有质量问题，提出解决问题的方法，控制机床完成第二件零件加工，使零件达到质量要求	主要完成者（C）: 复检者（A）: 终检者（B）:
10	第二件零件质量检测，填写质量检测记录表（见附件 6.6）	同组三位同学分别对第二件零件进行检测，判断零件是否合格，如不合格，找出质量问题，进行质量问题的原因分析，并提出质量问题的解决方法，填写质量检测记录表	主要完成者（C）: 复检者（A）: 终检者（B）:
11	第三件零件加工	结合前两件加工的情况，如仍有质量问题，继续提出问题的解决方法，控制机床完成第三件零件加工，使零件达到质量要求	主要完成者（A）: 复检者（B）: 终检者（C）:
12	第三件零件质量检测，填写质量检测记录表（见附件 6.7）	同组三位同学分别对第三件零件进行检测，判断零件是否合格，对本次零件加工进行总结，体会批量生产的加工特点，设计批量生产加工方案，填写质量检测记录表	主要完成者（A）: 复检者（B）: 终检者（C）:
13	按“6S”要求进行整理	按“6S”要求进行整理，并在附件 6.8 内对已完成的项目打“√”	组长（A）: 组员（B）: 组员（C）:

四、评价反馈

学习任务“直接头零件加工”评价表

评价项目	比重%	组长（A）	组员（B）	组员（C）
出勤情况	5	全勤□　缺席□	全勤□　缺席□	全勤□　缺席□
着装情况	5	按要求穿着□ 不按要求穿着□	按要求穿着□ 不按要求穿着□	按要求穿着□ 不按要求穿着□
设备使用安全情况	5	规范操作□ 违规操作□	规范操作□ 违规操作□	规范操作□ 违规操作□
工、量具摆放情况	5	按规定摆放□ 未按规定摆放□	按规定摆放□ 未按规定摆放□	按规定摆放□ 未按规定摆放□
机床保养情况	5	有保养机床□ 没有保养机床□	有保养机床□ 没有保养机床□	有保养机床□ 没有保养机床□
工、量具保养情况	5	有保养工、量具□ 没有保养工、量具□	有保养工、量具□ 没有保养工、量具□	有保养工、量具□ 没有保养工、量具□
工作页的填写	10			
沟通与合作	5			
解决问题能力	10			
零件质量	45			
成　绩	100			

总体评价（学习进步方面、今后努力方向）：

教师签名：________　　　　_____年_____月____日

学习附件

附件 6.1

直接头零件加工工艺卡

零件名称	外连接套	零件图号	Sc05	车　间	数控车床车间
工　种	数控车工	材　料	铝合金	设　备	广州数控 华中数控
耗　材	$\phi25\times45$		件　数	3 件	
零件示意图					

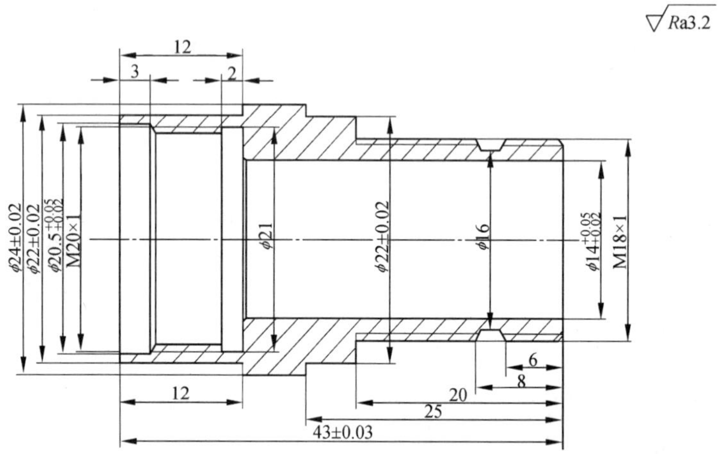

考核要求:

1.不准用砂布及锉刀等修饰表面。
2.未倒角0.5×45°，锐角倒角0.2×15°。
3.未标注公差尺寸按IT12。

直接头		图　号	SKCA
		共　页	第　页
比例		××职业学院	
数量			

序号	加　工　工　艺	刀具号	刀具类型	主轴转速（r/min）	进给速度（mm/min）	切削深度（mm）	备注
1							
2							
3							
4							
5							
6							
7							
8							
9							
10							
11							
12							
主要完成者（B）:			审核者（C）:			终审者（A）:	

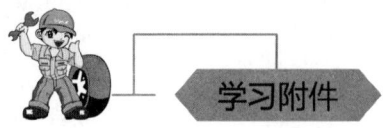

附件 6.2

直接头零件加工程序单

		程序名

续表

主要完成者（C）:	审核者（A）:	终审者（B）:

附件 6.3

工、量具清单

工、量具名称	规格	数量	备注	工、量具名称	规格	数量	备注
组长（A）:			组员（B）:			组员（C）:	

附件 6.4

刀具安装记录

序号	刀具号	刀具类型	对刀情况
1			正确□　不正确□
2			正确□　不正确□
3			正确□　不正确□
4			正确□　不正确□
5			正确□　不正确□
6			正确□　不正确□
7			正确□　不正确□
8			正确□　不正确□
主要完成者（A）:		审核者（B）:	终审者（C）:

附件 6.5

首件零件质量检测记录表

<table>
<tr><td>工种</td><td colspan="2">数控车床</td><td>单位</td><td colspan="2"></td><td>姓名</td><td></td><td>额定时间</td><td></td></tr>
<tr><td>序号</td><td>考核项目</td><td colspan="3">考核内容及要求</td><td colspan="2">测量结果（A）</td><td colspan="2">测量结果（B）</td><td>测量结果（C）</td></tr>
<tr><td>1</td><td rowspan="3">外圆</td><td colspan="2">22 ± 0.02</td><td>IT</td><td colspan="2"></td><td colspan="2"></td><td></td></tr>
<tr><td>2</td><td colspan="2">22 ± 0.02</td><td>IT</td><td colspan="2"></td><td colspan="2"></td><td></td></tr>
<tr><td>3</td><td colspan="2">24 ± 0.02</td><td>IT</td><td colspan="2"></td><td colspan="2"></td><td></td></tr>
<tr><td>4</td><td rowspan="2">内孔</td><td colspan="2">$14^{+0.05}_{+0.02}$</td><td>IT</td><td colspan="2"></td><td colspan="2"></td><td></td></tr>
<tr><td>5</td><td colspan="2">$20.5^{+0.05}_{+0.02}$</td><td>IT</td><td colspan="2"></td><td colspan="2"></td><td></td></tr>
<tr><td>6</td><td rowspan="4">长度</td><td colspan="2">43 ± 0.03</td><td>IT</td><td colspan="2"></td><td colspan="2"></td><td></td></tr>
<tr><td>7</td><td colspan="2">20</td><td>IT</td><td colspan="2"></td><td colspan="2"></td><td></td></tr>
<tr><td>8</td><td colspan="2">25</td><td>IT</td><td colspan="2"></td><td colspan="2"></td><td></td></tr>
<tr><td>9</td><td colspan="2">12</td><td>IT</td><td colspan="2"></td><td colspan="2"></td><td></td></tr>
<tr><td>10</td><td>外槽</td><td colspan="2">2</td><td>IT</td><td colspan="2"></td><td colspan="2"></td><td></td></tr>
<tr><td>11</td><td>内槽</td><td colspan="2">2</td><td>IT</td><td colspan="2"></td><td colspan="2"></td><td></td></tr>
<tr><td>12</td><td>外螺纹</td><td colspan="2">M18×1</td><td>IT</td><td colspan="2"></td><td colspan="2"></td><td></td></tr>
<tr><td>13</td><td>内螺纹</td><td colspan="2">M20×1</td><td></td><td colspan="2"></td><td colspan="2"></td><td></td></tr>
<tr><td>14</td><td>倒角</td><td colspan="2">3 处</td><td></td><td colspan="2"></td><td colspan="2"></td><td></td></tr>
<tr><td>15</td><td>粗糙度</td><td colspan="2">$Ra1.6$</td><td></td><td colspan="2"></td><td colspan="2"></td><td></td></tr>
<tr><td></td><td></td><td colspan="2"></td><td></td><td colspan="2"></td><td colspan="2"></td><td></td></tr>
<tr><td colspan="10">零件质量：合格□　　不合格□</td></tr>
<tr><td colspan="10">主要质量问题：</td></tr>
<tr><td colspan="10">出现问题的原因分析：</td></tr>
<tr><td colspan="10">问题的解决方法：</td></tr>
<tr><td colspan="10">主要完成者（B）：　　辅助者（C）：　　辅助者（A）：</td></tr>
</table>

附件 6.6

第二件零件质量检测记录表

<table>
<tr><td>工种</td><td colspan="2">数控车床</td><td>单位</td><td></td><td>姓名</td><td></td><td>额定时间</td></tr>
<tr><td>序号</td><td>考核项目</td><td colspan="2">考核内容及要求</td><td colspan="2">测量结果（A）</td><td>测量结果（B）</td><td>测量结果（C）</td></tr>
<tr><td>1</td><td rowspan="3">外圆</td><td>22 ± 0.02</td><td>IT</td><td colspan="2"></td><td></td><td></td></tr>
<tr><td>2</td><td>22 ± 0.02</td><td>IT</td><td colspan="2"></td><td></td><td></td></tr>
<tr><td>3</td><td>24 ± 0.02</td><td>IT</td><td colspan="2"></td><td></td><td></td></tr>
<tr><td>4</td><td rowspan="2">内孔</td><td>$14^{+0.05}_{+0.02}$</td><td>IT</td><td colspan="2"></td><td></td><td></td></tr>
<tr><td>5</td><td>$20.5^{+0.05}_{+0.02}$</td><td>IT</td><td colspan="2"></td><td></td><td></td></tr>
<tr><td>6</td><td rowspan="4">长度</td><td>43 ± 0.03</td><td>IT</td><td colspan="2"></td><td></td><td></td></tr>
<tr><td>7</td><td>20</td><td>IT</td><td colspan="2"></td><td></td><td></td></tr>
<tr><td>8</td><td>25</td><td>IT</td><td colspan="2"></td><td></td><td></td></tr>
<tr><td>9</td><td>12</td><td>IT</td><td colspan="2"></td><td></td><td></td></tr>
<tr><td>10</td><td>外槽</td><td>2</td><td>IT</td><td colspan="2"></td><td></td><td></td></tr>
<tr><td>11</td><td>内槽</td><td>2</td><td>IT</td><td colspan="2"></td><td></td><td></td></tr>
<tr><td>12</td><td>外螺纹</td><td>M18×1</td><td>IT</td><td colspan="2"></td><td></td><td></td></tr>
<tr><td>13</td><td>内螺纹</td><td>M20×1</td><td></td><td colspan="2"></td><td></td><td></td></tr>
<tr><td>14</td><td>倒角</td><td>3 处</td><td></td><td colspan="2"></td><td></td><td></td></tr>
<tr><td>15</td><td>粗糙度</td><td>$Ra1.6$</td><td></td><td colspan="2"></td><td></td><td></td></tr>
<tr><td></td><td></td><td></td><td></td><td colspan="2"></td><td></td><td></td></tr>
<tr><td colspan="8">零件质量：合格□　　不合格□</td></tr>
<tr><td colspan="8">主要质量问题：</td></tr>
<tr><td colspan="8">出现问题的原因分析：</td></tr>
<tr><td colspan="8">问题的解决方法：</td></tr>
<tr><td colspan="3">主要完成者（C）：</td><td colspan="3">辅助者（A）：</td><td colspan="2">辅助者（B）：</td></tr>
</table>

附件 6.7

第三件零件质量检测记录表

工种	数控车床	单位		姓名		额定时间	

序号	考核项目	考核内容及要求		测量结果（A）	测量结果（B）	测量结果（C）
1	外圆	22 ± 0.02	IT			
2		22 ± 0.02	IT			
3		24 ± 0.02	IT			
4	内孔	$14^{+0.05}_{+0.02}$	IT			
5		$20.5^{+0.05}_{+0.02}$	IT			
6	长度	43 ± 0.03	IT			
7		20	IT			
8		25	IT			
9		12	IT			
10	外槽	2	IT			
11	内槽	2	IT			
12	外螺纹	M18 × 1	IT			
13	内螺纹	M20 × 1				
14	倒角	3 处				
15	粗糙度	*Ra*1.6				
零件质量：合格□ 不合格□						
加工小结：						
主要完成者（A）:			辅助者（B）:		辅助者（C）:	

附件 6.8

"6S"要求进行整理要求

操作步骤		完成状况
整理	1. 整理工作台内的物品	
	2. 整理模具工作台的物品	
	3. 检查机床工具盒内工具是否完全	
	4. 把不用的或垃圾扔掉	
整顿	1. 将机床工具盒内工具摆放整齐	
	2. 机床工具盒是否按位置摆放	
	3. 机床边上的工作台是否摆放整齐	
清扫	1. 清扫地板	
	2. 清扫工具盒	
	3. 清扫工作台	
	4. 清扫机床外表面	
	5. 清扫机床内部	
清洁	1. 检查机床是否有漏油	
	2. 保持工作场地的清洁	
素养	1. 在工场要求的着装是否做到	
	2. 每组的组员有否串岗	
安全	1. 打扫过程中各组员是否安全	
	2. 打扫过程中机床是否损坏	
	3. 机床是否正常启动	
	4. 机床急停按钮是否工作正常	
	5. 是否存在安全隐患	

附件 6.9

学习资料

问题解答

6.9.1 什么加工指令适合进行端面深孔加工?

1. G74——端面深孔加工循环指令（广州数控系统）

格式：G74 *R*__;

G74 X__ Z__ P__ Q__ F__;

其中：R__：Z 轴退刀量；

X__ Z__：切削终点位置坐标；

P__：X 轴方向每次循环进刀量，用直径表示，μm；

Q__：Z 轴循环进刀量，μm；

F__：切削速度（进给速度）。

2. G74——端面深孔加工循环的走刀特点（见图 6.2）

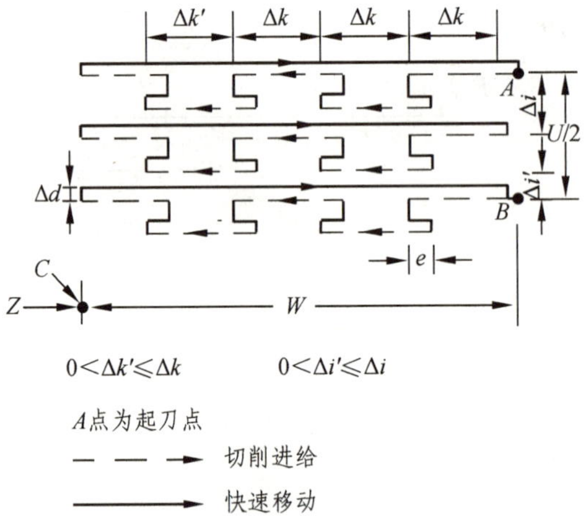

图 6.2

3. G74——端面深孔加工循环的加工路线（见图 6.3）

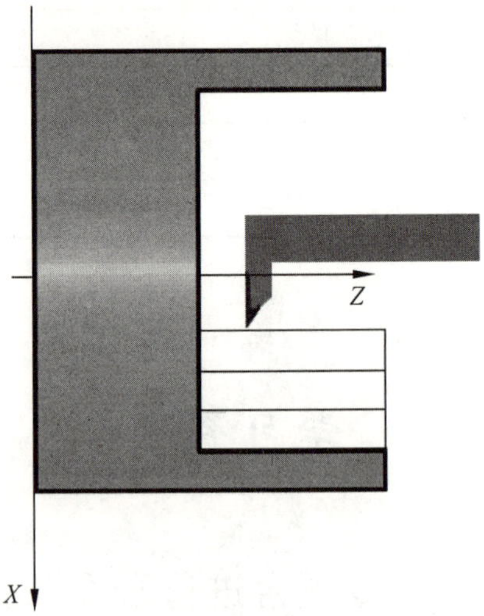

图 6.3

【例题 6.1】 使用 G74 指令加工如图 6.4 所示的工件，加工前钻孔直径为 ϕ30 mm，编写加工程序。

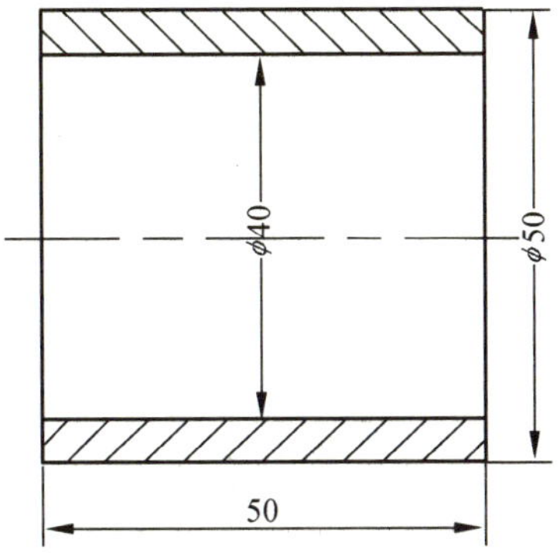

图 6.4

基于广州数控系统程序（O0074）如下：

N10	G00 X80 Z80	
N20	S800 M03	
N30	T0404（内孔镗刀）	
N40	G00 X29 Z2	
N50	G74 R2	
N60	G74 X40 Z－52 P1000 Q5000 F100	
N70	G00 X100 Z100	
N80	T0400	
N90	M30	

6.9.2　什么加工指令适合进行深槽加工？

1. G75——深槽切削循环（广州数控系统）

格式：G75　*R*__；

G75　*X*__ *Z*__ *P*__ *Q*__ *F*__；

其中：*R*__：*X*轴方向每次退刀量，用半径表示；

*X*__：*Z*终点位置坐标；

*P*__：*X*轴方向每次进刀量，用直径表示，μm；

*Q*__：*Z*轴方向每次进刀量，μm；

*F*__：切削速度（进给速度）。

2. G75——深槽切削循环的走刀特点（见图 6.5）

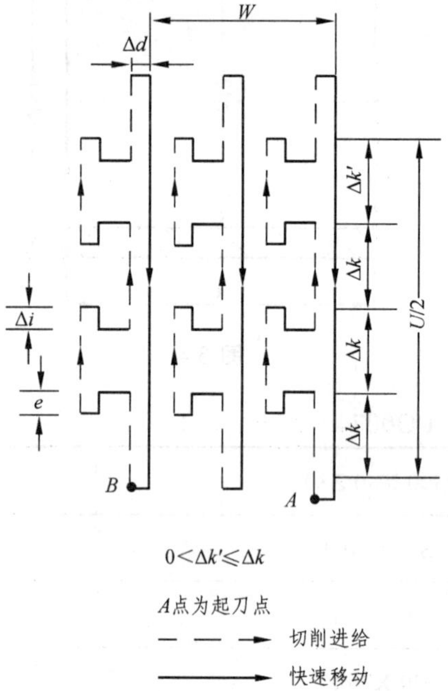

图 6.5

3. G75——深槽切削循环的加工路线（见图 6.6）

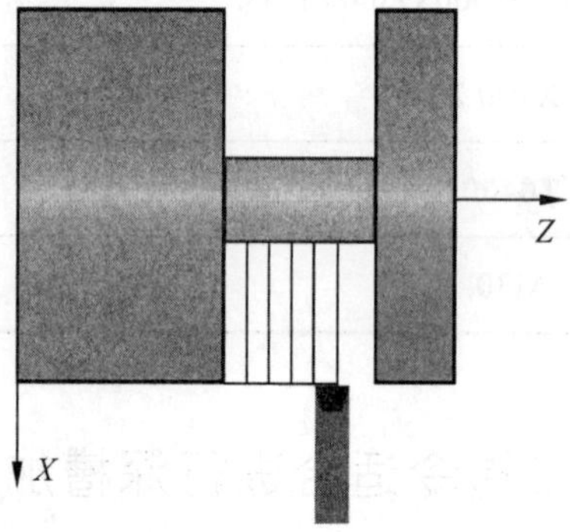

图 6.6

【例题 6.2】 用 G75 指令编制如图 6.7 所示的工件的加工程序。

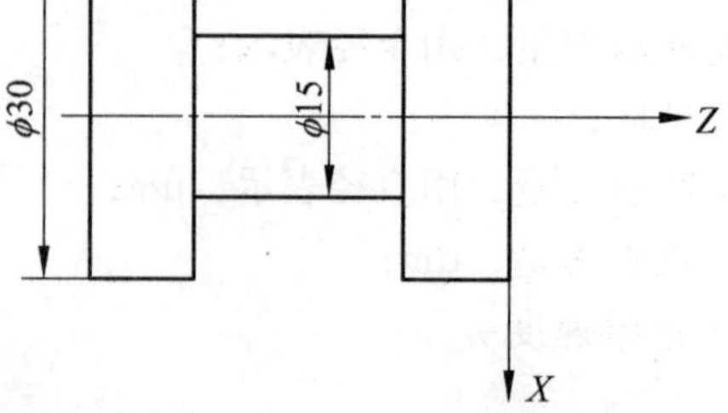

图 6.7

基于广州数控系统程序（O0075）如下：

N10	G00 X100 Z100	
N20	S560 M03	
N30	T0303（刀宽为 4 mm 的切槽刀）	
N40	G00 X32 Z－13	
N50	G75 R2	
N60	G75 X10 W－16 Q2000 P6000 F30	
N70	G00 X100 Z100	
N80	M05	
N90	M30	

6.9.3　加工薄壁零件有哪些注意事项?

1. 影响薄壁零件加工的因素

（1）易受力变形

因工件壁薄，在夹紧力的作用下容易产生变形，切削时会出现此厚彼薄的情况，从而影响工件的尺寸精度和形状精度，如图 6.8 所示。

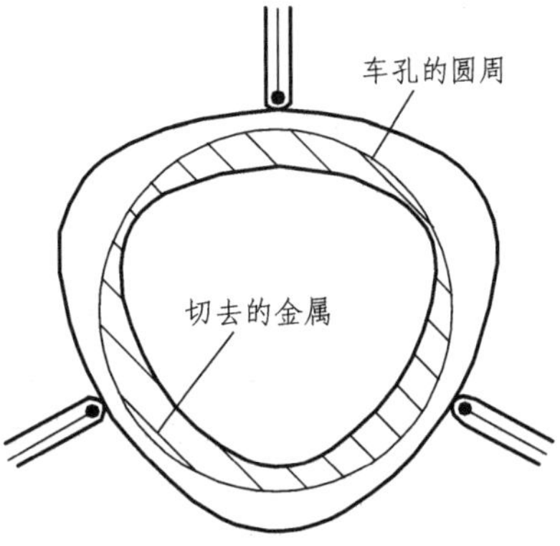

图 6.8

（2）易受热变形

因工件较薄，切削热和切削过程中的径向力的作用，会引起工件热变形，使工件尺寸难于控制。

（3）易振动变形

在切削力（特别是径向切削力）的作用下，容易产生振动和变形，影响工件的尺寸精度、形状、位置精度和表面粗糙度。

2. 加工薄壁零件可采用的措施

（1）工件分粗、精车阶段

粗车时，由于切削余量较大，夹紧力稍大些，变形也相应大些；精车时，夹紧力可稍小些，一方面夹紧变形小，另一方面精车时还可以消除粗车时因切削力过大而产生的变形。

（2）合理选用刀具的几何参数

精车薄壁工件时，刀柄的刚度要求高，车刀的修光刃不宜过长（一般取 0.2 ~ 0.3 mm），刃口要锋利。

（3）增加装夹接触面

采用开缝套筒或一些特制的软卡爪，使接触面增大，让夹紧力均布在工件上，从而使工件夹紧时不易产生变形，如图 6.9 所示。

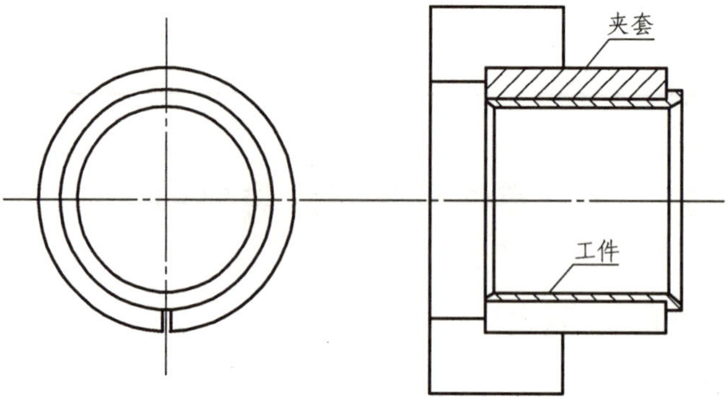

图 6.9　开缝套筒零件

（4）应采用轴向夹紧夹具

车薄壁工件时，尽量不使用图 6.10（a）所示的径向夹紧，而优先选用图 6.10（b）所示的轴向夹紧方法，图 6.10（b）中，工件靠轴向夹紧套（螺纹套）的端面实现轴向夹紧，由于夹紧力 F 沿工件轴向分布，而工件轴向刚度大，不易产生夹紧变形。

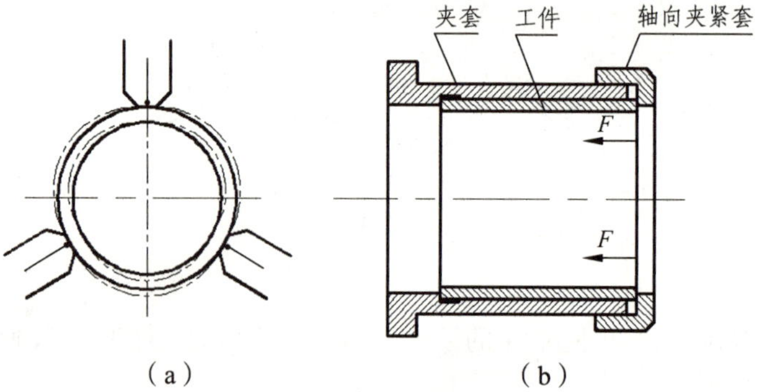

图 6.10　车削薄壁零件

（5）增加工艺肋

有些薄壁工件在其装夹部位特制几根工艺肋（见图 6.11），以增强此处刚性，使夹紧力作用在工艺肋上，以减少工件的变形，加工完毕后，再去掉工艺肋。

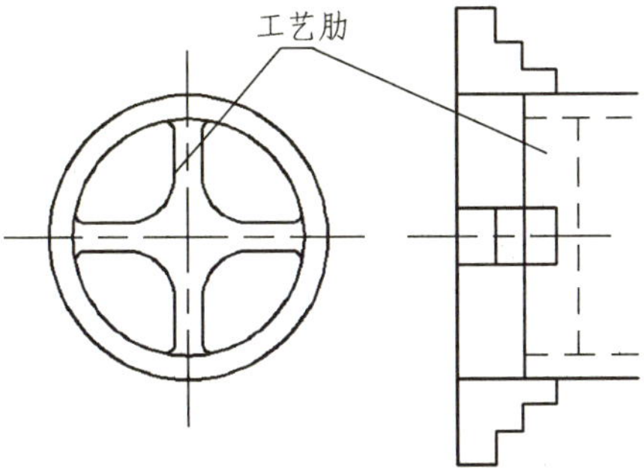

图 6.11　工艺肋的使用

（6）充分浇注切削液

通过充分浇注切削液，降低切削温度，减少工件热变形。

6.9.4　如何正确进行零件调头装夹并校正？

1. 零件调头装夹的定义

先装夹毛坯料进行零件一端的加工，然后拆下零件调头装夹已加工过的表面，这时要对已加工过的表面进行保护，通常在卡爪与零件表面间垫上垫片，如图 6.12 所示。

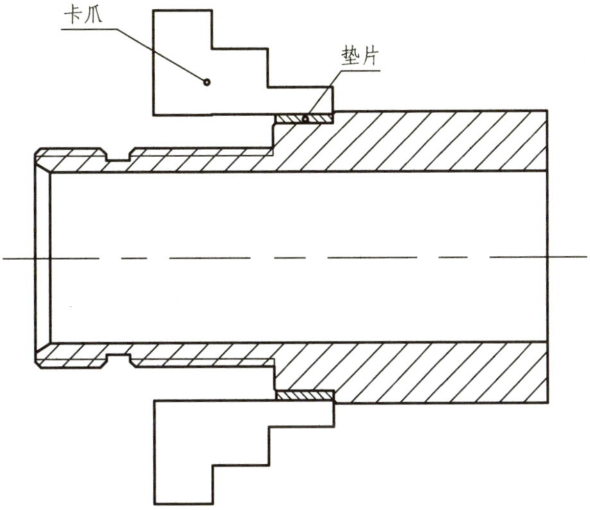

图 6.12

2. 零件校正

零件调头装夹后，要保证零件左右两次加工的同轴度，需要对调头装夹后的零件进行校正。校正时要借助百分表、带有磁性的表座等，如图 6.13 所示。

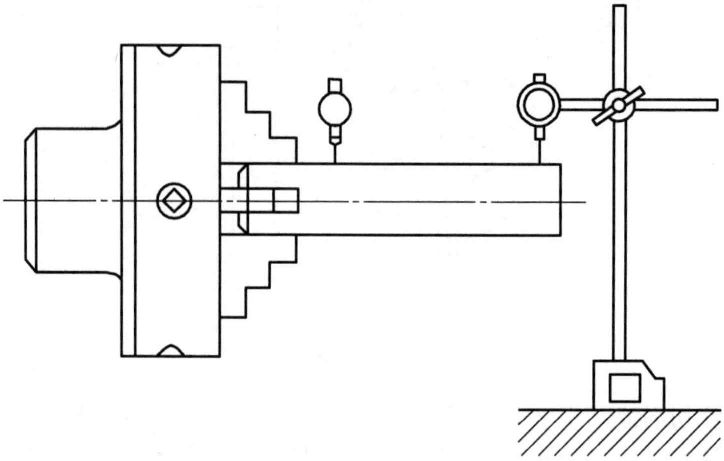

图 6.13

校正时，把带有磁性的表座吸在车床某个位置，固定百分表，把百分表压在调头装夹好的零件的右端外圆上，然后用手慢慢地旋转主轴，这时从百分表上可看到指针在来回摆动，根据摆动情况用铜锤轻敲零件，慢慢地减少百分表指针的摆动幅度，百分表指针的摆动幅度越小零件同轴度精度越高，反之，零件的同轴度精度越低。

学习任务7　直单向阀连接器的装配

组别：________　组长（A）：________　组员（B）：________　组员（C）：________

任务描述

直单向阀连接器在各种机械设备上得到广泛使用，直单向阀连接器由调节螺母、垫圈螺母、阀芯、外连接套、直接头五个零件构成。其中，直接头是直单向阀接头的主体，左端与外连接套通过螺纹连接，右端与调节螺母、垫圈螺母通过螺纹连接，阀芯通过弹簧压紧在外连接套内孔处，整套产品用三个O形密封圈对各连接处进行密封处理，现在要完成整套零件的装配，具体的加工装配图如图7.1所示。

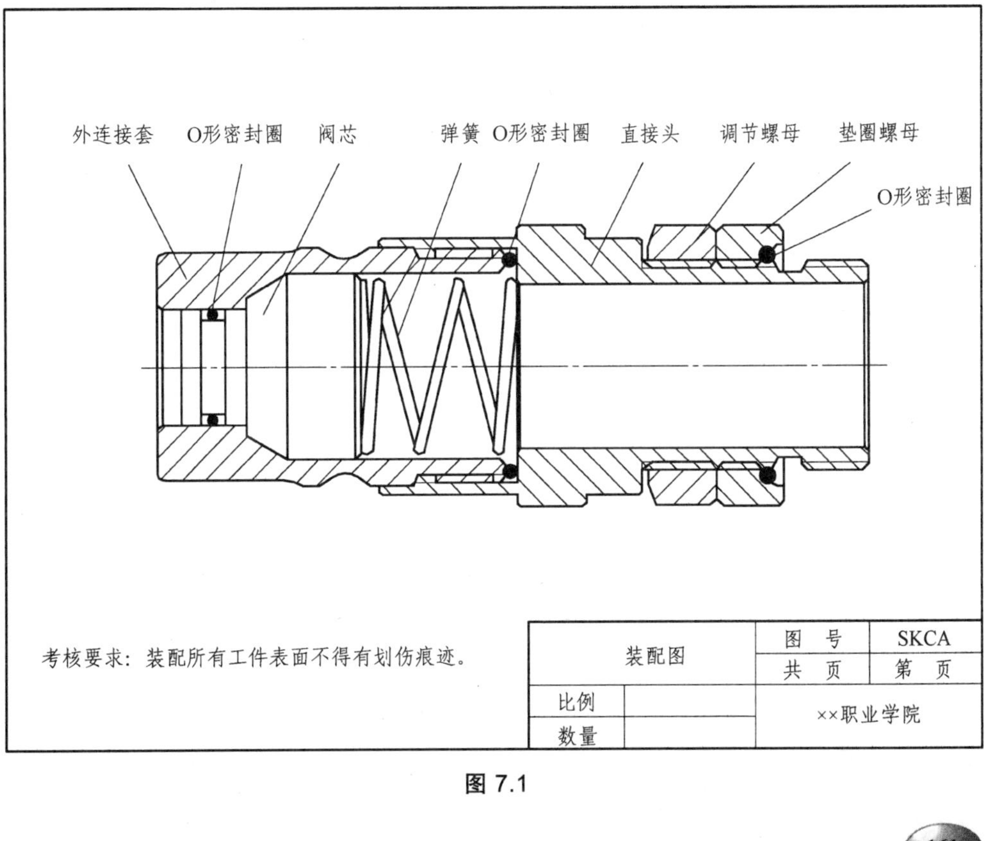

图 7.1

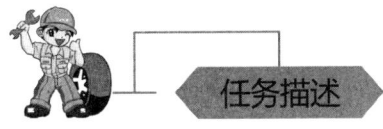

学习目标

（1）能描述调节螺母、垫圈螺母、阀芯、外连接套、直接头零件在直单向阀连接器中的作用。

（2）能叙述简单的装配工艺。

（3）能在老师的指导下，完成直单向阀连接器的装配并进行调试。

（4）能根据装配图纸要求，分析问题原因并寻找解决办法。

任务结构

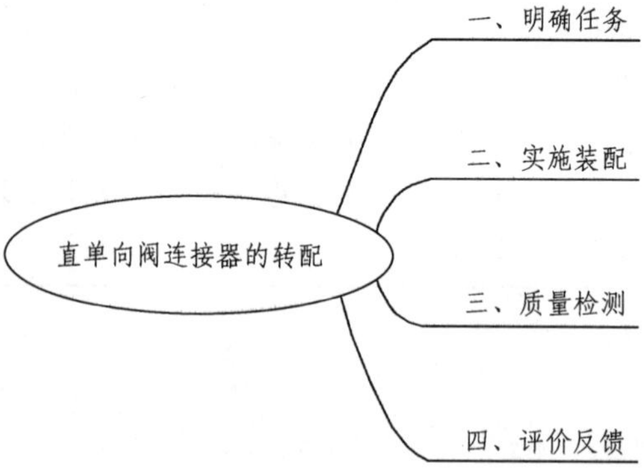

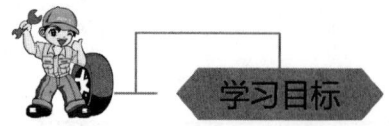

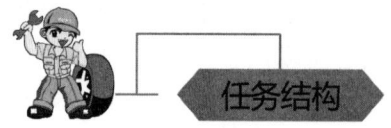

一、明确任务

了解直单向阀连接器的功能及使用价值，分析工作任务的主要加工内容，清楚完成任务所需的知识，明确完成任务的流程。

二、实施装配

学生在清楚了调节螺母、垫圈螺母、阀芯、外连接套、直接头和 O 形密封圈、弹簧在直单向阀连接器中的作用后，在老师的指导下，制定装配工艺流程（见表 7.1），然后进行零件装配。

表 7.1　装配工艺流程

步骤	工作内容	图　示
1	把已加工完毕的调节螺母、垫圈螺母、阀芯、外连接套、直接头和 O 形密封圈按照装配的顺序依次排列起来	
2	用锉刀或刮刀去除所有零件的毛刺	
3	把 O 形密封圈套到阀芯的槽内	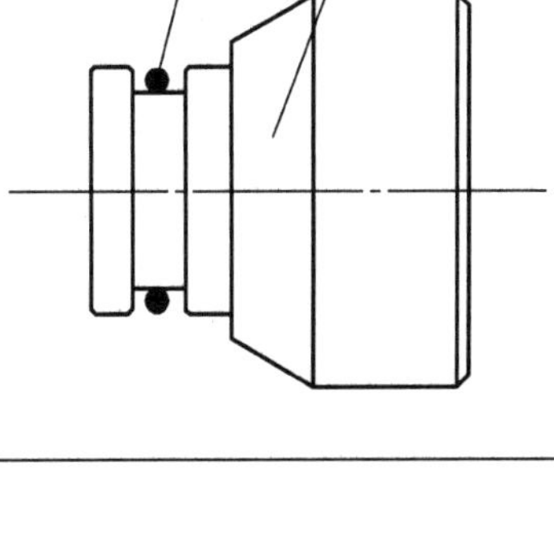

续表 7.1

步骤	工作内容	图　示
4	把已装配好的O形密封圈和阀芯放入外连接套中	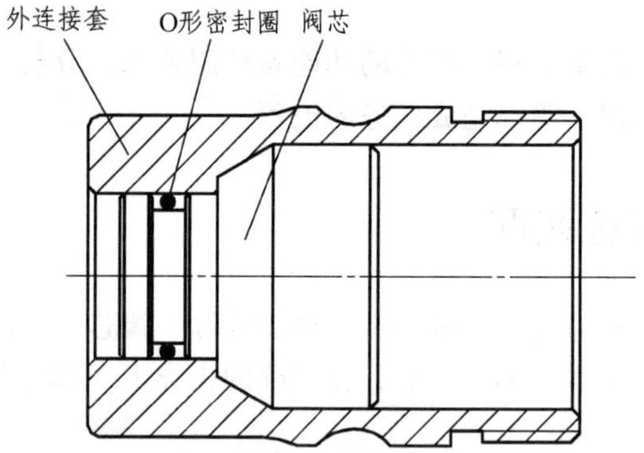
5	把弹簧放进外连接套的内孔中	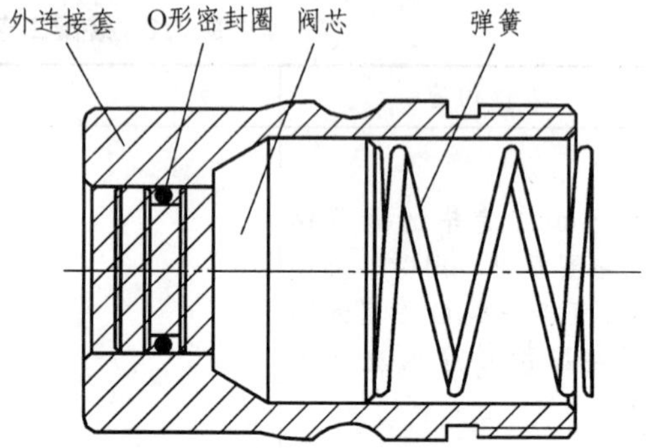
6	把O形密封圈套到直接头内孔中	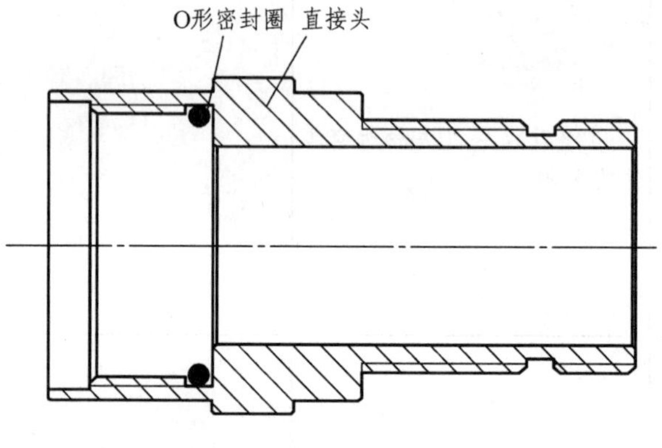
7	把第5步装配好零件与第6步装配好的零件通过直接头的外螺纹与外连接套的内螺纹连接在一起	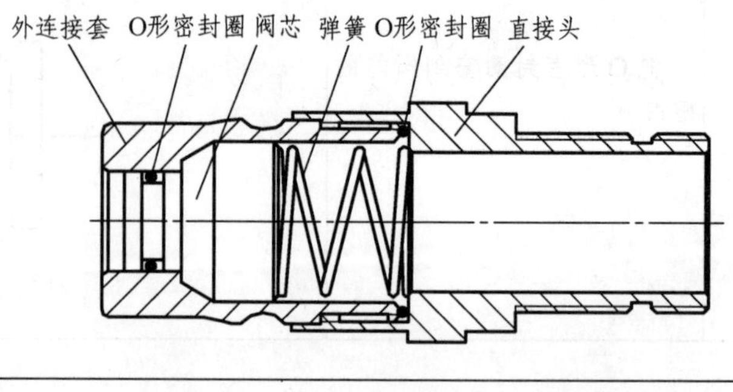

续表 7.1

<table>
<tr><th>步骤</th><th>工作内容</th><th>图　示</th></tr>
<tr><td>8</td><td>把调节螺母旋入第 7 步装配好的直接头外螺纹中</td><td>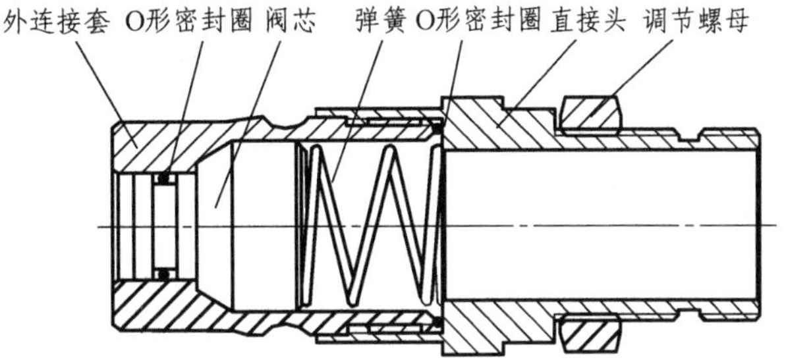</td></tr>
<tr><td>9</td><td>把垫圈螺母旋入第 8 步装配好的直接头外螺纹中</td><td>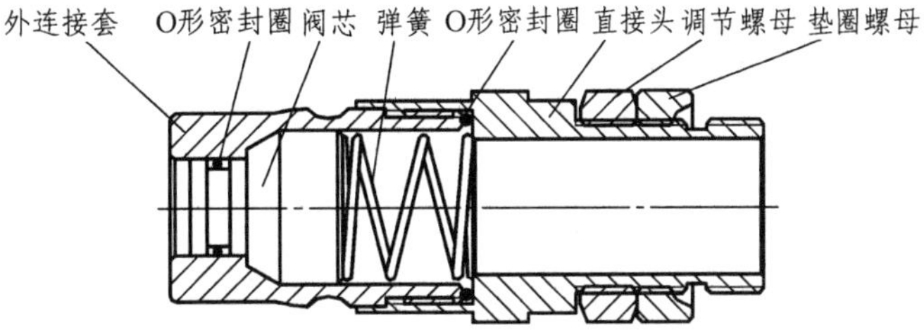</td></tr>
<tr><td>10</td><td>把 O 形密封圈套到第 9 步装配好的垫圈螺母上，完成直单向阀连接器装配</td><td>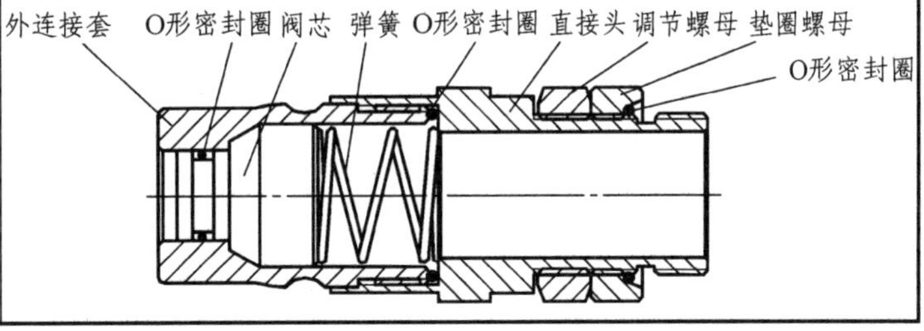</td></tr>
</table>

三、质量检测

直单向阀连接器装配完毕，请同学们根据表 7.2 的要求，进行自检、互检、专检，并对存在的问题进行分析，提出有效的解决办法。

表 7.2　直单向阀连接器装配装配质量检测表

<table>
<tr><td>工　种</td><td></td><td>零件图号</td><td></td><td colspan="2">实用时间</td><td colspan="2"></td></tr>
<tr><td colspan="3">考核内容</td><td>评分核准</td><td>自检</td><td>互检</td><td>专检</td><td>备注</td></tr>
<tr><td colspan="3">各个零件能达到图纸要求，无缺陷，文明操作</td><td>90～100</td><td rowspan="5"></td><td rowspan="5"></td><td rowspan="5"></td><td rowspan="5"></td></tr>
<tr><td colspan="3">2/3 零件能达到图纸要求，无缺陷，文明操作</td><td>80～89</td></tr>
<tr><td colspan="3">1/3 零件能达到图纸要求，有缺陷，文明操作</td><td>70～79</td></tr>
<tr><td colspan="3">完成各个零件加工，文明操作</td><td>60～69</td></tr>
<tr><td colspan="3">不能完成部分零件加工，文明操作</td><td>0～59</td></tr>
<tr><td colspan="8">质量问题分析及解决方法：</td></tr>
</table>

四、评价反馈

学习任务“外连接套零件加工”评价表

评价项目	比重%	组长（A）	组员（B）	组员（C）
出勤情况	5	全勤□　缺席□	全勤□　缺席□	全勤□　缺席□
着装情况	5	按要求穿着□ 不按要求穿着□	按要求穿着□ 不按要求穿着□	按要求穿着□ 不按要求穿着□
设备使用安全情况	5	规范操作□ 违规操作□	规范操作□ 违规操作□	规范操作□ 违规操作□
工、量具摆放情况	5	按规定摆放□ 未按规定摆放□	按规定摆放□ 未按规定摆放□	按规定摆放□ 未按规定摆放□
机床保养情况	5	有保养机床□ 没有保养机床□	有保养机床□ 没有保养机床□	有保养机床□ 没有保养机床□
工、量具保养情况	5	有保养工、量具□ 没有保养工、量具□	有保养工、量具□ 没有保养工、量具□	有保养工、量具□ 没有保养工、量具□
工作页的填写	10			
沟通与合作	5			
解决问题能力	10			
零件质量	45			
成绩	100			

总体评价（学习进步方面、今后努力方向）:

教师签名：________　　　　________年______月____日

学习附件

附件 7.1

学习资料

问题解答 7.1.1　装配工艺过程包括哪几个步骤?

装配工艺过程主要包括装配前的准备工作、____________、____________和喷漆、涂油、装箱等步骤。

1. 装配前的准备工作

（1）研究和熟悉产品装配图、工艺文件和技术要求，了解结构和各零部件的作用，相互关系以及连接的方式和方法。

（2）确定装配方法、顺序和准备所需的工具。

（3）对装配的零件进行清理和清洗，去毛刺、铁锈、油污等。

（4）检查零件加工质量，对某些有特殊要求的零部件还要进行必要的平衡试验和密封性试验等。

2. 装配工作

主要包括部件装配和总装配工作。所谓部件装配是指将两个及以上零件组合在一起，将零件与几个组件结合在一起成为一个单元。

总装配是指将若干零件、组件和部件结合成一台整机的装配过程。

3. 调整、精度检验和试车

调整是指调节零件或机构的相互位置、配合间隙、结合面松紧等，以使机构或机器工作协调。

精度检验是指几何精度和工作精度检验（如切削力试验）等。而几何精度通常是指形位精度，形位精度又包括平行度、垂直度及直线度等。

试车指试验机构或机器运转的灵活性、密封性、振动、工作温度、噪音、转速、功率等是否符合要求。

4. 涂油、装箱

为了使装配后的产品外表美观、表面防锈和装箱便于运输需进行涂油、装箱。

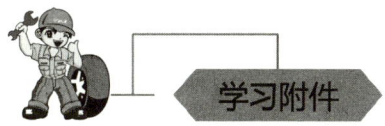

问题解答

7.1.2 装配工艺规程有哪些主要内容?

装配工艺规程的主要内容有以下 6 点:

(1) 分析产品图样，划分装配单元，确定装配方法。

(2) 拟定装配顺序，划分装配工序。

(3) 计算装配时间定额。

(4) 确定各工序装配技术要求、质量检查方法和检查工具。

(5) 确定装配时零、部件的输送方法及所需要的设备和工具。

(6) 选择和设计装配过程中所需的工具、夹具和专用设备。

问题解答

7.1.3 制定装配工艺规程有哪些原则?

制定装配工艺规程的基本原则是:

(1) 保证产品装配质量，力求提高质量，以延长产品的使用寿命。

(2) 合理安排装配顺序和工序，尽量减少装配工作量，减轻劳动强度，提高装配效率，缩短装配周期。

(3) 尽量减少装配占地面积，提高单位面积的生产率。

(4) 要尽量减少装配工作所占的成本。

参考文献

[1] 李银海，戴素江. 机械零件数控车削加工[M]. 北京：科学出版社，2008.

[2] 郎一民，毕亚峰. 数控车削典型零件加工[M]. 北京：高等教育出版社，2013.

[3] 张宝君. 零件数控车削加工[M]. 北京：机械工业出版社，2010.

[4] 刘昭琴. 机械零件数控车削加工[M]. 北京：北京理工大学出版社，2011.

[5] 卢万强，饶小创. 数控加工工艺与编程[M]. 北京：北京理工大学出版社，2011.

[6] 王兵. 数控车床加工工艺与编程操作[M]. 北京：机械工业出版社，2009.

[7] 翟瑞波. 数控车床编程与操作实例[M]. 2 版. 北京：机械工业出版社，2012.